信息技术应用概论

主　编　陈国靖　詹跃明　刘　云
副主编　康莉莉　曹　俊　汪春燕

XINXI JISHU YINGYONG GAILUN

重庆大学出版社

内容提要

本书是根据高职教育人才培养的新要求,结合信息技术的发展趋势和最新研究成果,以及信息技术在人类社会中的应用现状和水平,基于信息技术应用案例及具体任务编写完成。全书共 8 个单元,较为全面地介绍了现代信息技术及典型应用,旨在全面普及现代信息技术,培养"互联网+"时代学生必备的信息能力、信息思维、创新思维。单元 1 介绍信息技术基础,单元 2 介绍计算机系统相关知识,单元 3 介绍办公自动化技术,单元 4 介绍信息传输技术,单元 5 介绍信息存储与处理技术,单元 6 介绍智能互联网技术,单元 7 介绍信息系统,单元 8 介绍人类增强时代关键技术。教材配套 PPT、素材等电子资源。

本书可作为高等职业院校非计算机专业学习信息技术的通用教材,也可以作为信息技术培训的参考书,还可为广大读者全面系统地获取信息技术相关知识提供帮助。

图书在版编目(CIP)数据

信息技术应用概论 / 陈国靖,詹跃明,刘云主编.-- 重庆:重庆
大学出版社,2019.8(2021.8 重印)

ISBN 978-7-5689-1459-8

Ⅰ.①信… Ⅱ.①陈… ②詹… ③刘… Ⅲ.①电子计算机—高等学校
—教材 Ⅳ.①TP3

中国版本图书馆 CIP 数据核字(2019)第 005870 号

信息技术应用概论

主　编　陈国靖　詹跃明　刘　云
副主编　康莉莉　曹　俊　汪春燕
策划编辑:鲁　黎

责任编辑:姜　凤　方　正　　版式设计:鲁　黎
责任校对:邹　忌　　　　　　　责任印制:张　策

＊

重庆大学出版社出版发行
出版人:饶帮华
社址:重庆市沙坪坝区大学城西路 21 号
邮编:401331
电话:(023) 88617190　88617185(中小学)
传真:(023) 88617186　88617166
网址:http://www.cqup.com.cn
邮箱:fxk@ cqup.com.cn(营销中心)
全国新华书店经销
中雅(重庆)彩色印刷有限公司印刷

＊

开本:787mm×1092mm　1/16　印张:13.25　字数:299 千
2019 年 8 月第 1 版　　2021 年 8 月第 4 次印刷
印数:6 201—7 750
ISBN 978-7-5689-1459-8　定价:39.80 元

前　言

随着"云大物智移"概念的提出,计算机技术、网络技术、移动互联、人工智能等信息技术快速发展,不仅改变了人们的工作和学习方式,并赋予职业和职业教育新的内涵和要求。一方面,传统职业的工作方式和工作流程正在发生一系列的变革,而且一些新兴职业的"工作空间"和"工作方式"本身就依赖以互联网为核心的信息技术;另一方面,由于信息化技术方法与手段的深入使用,职业教育的教学理念、教学内容和教学方式将发生革命性变革。

为了顺应信息技术时代的特点和高职高专教育人才培养目标及要求,结合教学实践我们编写了本书。"现代信息技术应用"作为普通高职院校所有专业学生的必修课程,旨在培养学生对信息技术的兴趣和意识,让学生了解最前沿的信息技术,掌握信息技术的基础知识,发展和提升自身的信息化职业能力,为他们适应信息社会的学习、工作和生活打下必要基础。

全书共包含8个单元。单元1介绍信息、数据等相关概念,帮助学生认知我们所处的信息社会以及信息素养等内容,由陈国靖编写。单元2介绍计算机系统的基础知识、计算机中信息的表示及Windows操作系统相关内容,由康莉莉编写。单元3介绍常用的信息处理软件,包括Office 2010的三大套件Word、Excel、PowerPoint及多媒体信息处理软件,分别由汪春燕、曹俊、康莉莉、詹跃明编写。单元4介绍计算机网络技术和通信技术等内容,由刘云编写。单元5介绍数据库、云计算、大数据等信息存储与处理技术以及信息安全技术,由曹俊编写。单元6介绍物联网、移动互联网的概念、关键技术及典型应用,由刘云编写。单元7介绍信息系统基本知识,由汪春燕编写。单元8介绍人类增强时代的人工智能、增强现实及虚拟现实等关键技术,由陈国靖编写。

全书由陈国靖、詹跃明、刘云担任主编,康莉莉、曹俊、汪春燕任副主编。全书由陈国靖进行统稿。

我们在编写中有所选择地引用了同行专家学者的有关著述,利用了部分网络资源和一些公司的案例资料,谨向他们表示感谢。由于编者水平有限,书中难免有疏漏和不足之处,敬请广大读者批评指正。

编　者

2019 年 1 月

目 录

单元1 信息技术基础

随着信息技术不断发展,信息对整个社会的影响正在逐步扩大。信息的生产、处理、传播和存储方式均发生了重大改变,而且这种改变还在不断继续。信息以及相关的信息技术已经和我们的日常生活密不可分。通过本单元的学习,可以加深对信息、信息技术及信息社会的理解和认知,提高信息安全意识,更好地适应这个信息时代。

任务1 信息与信息社会认知

↓引导案例

　　微信公众号、QQ等社交软件经常推出有趣的网络测试,如"每个人生日都隐藏着性格的小秘密,输入你的生日,来生成你的性格标签吧!",很多人都会参与测试并在朋友圈转发。但实际上在其"病毒式传播"的同时,是用户个人信息的泄露。随机对高校学生调查"是否会担心因为测试输入个人信息后可能会泄露以及由此产生的后果"时,发现普遍的观点是不担心,反正泄露信息的也不是我一个人,以后碰到类似测试照玩不误。还有一部分学生表示不知道,无所谓。对此,中国电子商务研究中心提醒:社交网络信息泄露导致的财产损害赔偿纠纷不在少数,且骗子的智商越来越高、诈骗资金量越来越大。

> **想一想**:案例中个人信息泄露可能会导致哪些不良后果?

↓任务目标

通过本任务的学习应掌握以下内容:

- 数据和信息的含义;
- 信息社会的特征;
- 信息素养的含义。

1.1.1 数据与信息

1）数据的概念与特征

数据是指对客观事件进行记录并可以鉴别的符号,是人们用来反映客观事物的性质、属性以及相互关系的符号。数据不仅指狭义上的数字,还可以是具有一定意义的文字、字母、数字符号的组合,以及图形、图像、视频、音频等,也可以是客观事物的属性、数量、位置以及其相互关系的抽象表示。如"一辆宝马牌轿车",其中"一辆""宝马牌"和"轿车"都是数据。数据经过加工就成为信息。

在计算机科学中,数据是指所有能输入计算机并被计算机程序处理的符号介质的总称,是用于输入电子计算机进行处理,具有一定意义的数字、字母、符号和模拟量的通称。

在理解数据时,要注意两点:一是数据是一种符号;二是这种符号是可鉴别的。

2）信息的概念与特征

信息是对客观世界中各种事物的运动状态和变化的反映,是客观事物之间相互联系和相互作用的表征。人们通过获得、识别自然界和社会的不同信息来区别不同事物,得以认识和改造世界。

具体来说,能够反映事物内涵的知识、资料、情报、图像、文件、语言和声音等都是信息。我们可以从以下 3 个方面理解信息的内涵:

①信息是数据所表达的客观事实,来源于物质和物质的运动。

②信息是指数据处理后所形成的对人们有意义的和有用处的文件、表格和图形等。

③信息是导致某种决策行动的外界情况。信息的传递和接收活动,有助于人们对运动事物进行认识和了解,决定下一步行动,并能反馈于事物。

信息的主要性质和特征如下:

（1）客观真实性

客观、真实是信息最重要的本质特征,是信息的生命所在,不符合事实的信息是没有价值的。

（2）传递性

传递是信息的基本要素和明显特征。信息只有借助于一定的载体,经过传递才能为人们所感知和接受。没有传递就没有信息,更谈不上信息的效用。传递信息的载体有广播、电视、手机、互联网和物联网等。最流行的信息传递形式是把信息以比特的形式存储,利用信息技术,实现信息在全世界范围内快速、准确地传播。

（3）时效性

信息的最大特点在于它的不确定性,信息的功能、作用、效益都是随着时间的延续而改变的,这种性能即信息的时效性。一个信息生成或获取得越早,传递得越快,其价值就越大。

一个信息如果超过了其价值的实用期就会贬值,甚至毫无用处。

（4）价值性

信息是为人类服务的,它是人类社会的重要资源,人类利用它认识和改造客观世界。因此,信息是有价值的,人们利用信息,可以获得效用,但是在很多情况下,信息的价值需要人们去认识、挖掘提炼出来,这样才能将信息应有的价值发挥出来。信息价值性的体现,有的是直接的,有的是间接的。

（5）可控性

信息的可控性反映在可扩充、可压缩和可处理。信息的可控性使信息技术具有可操作性,同时也增加了信息技术利用的复杂性。

（6）可共享性

信息与一般物质资源不同,它不属于特定的占有对象,可以为众多的人共同享用。这一特性通常以信息的多方位传递来实现。利用信息的可共享性,可以使得信息快速扩散,信息的扩散可以带来正面和负面的效应。

此外,信息还具有不对称性、滞后性和可继承性等特征。

3）数据与信息的关系

数据是信息的载体,信息是数据的语义表示,信息与数据是不可分离的。信息是对数据解释、运算和解算,即经过处理以后的数据,通过适当的解释才有意义,才能成为信息。就本质而言,数据是客观对象的表示,而信息则是数据内涵的意义,只有数据对实体行为产生影响时才能成为信息。

以信息论的观点,数据是数据采集时获取的,信息是从采集的数据中提取出的有用数据。描述数据与信息的联系可以用"数据=信息+数据冗余"公式来描述。

数据与信息的区别是数据是原始事实,而信息是数据处理的结果,信息具有针对性、时效性。信息有意义,而数据没有。例如,当测量一个人的身高时,假定这个人身高是 175 cm,则写在记录本上的 175 cm 实际上是数据。

1.1.2　信息社会

1）信息社会的产生与发展

信息社会也称信息化社会,是脱离工业化社会以后,信息起主要作用的社会。"信息化"的概念在 20 世纪 60 年代初提出。一般认为,信息化是指信息技术和信息产业在经济和社会发展中的作用日益加强,并发挥主导作用的动态发展过程。它以信息产业在国民经济中的比重、信息技术在传统产业中的应用程度和信息基础设施建设水平为主要标志。

进入 21 世纪,信息化对信息社会经济社会发展的影响愈加深刻。世界经济发展进程加快,信息化、全球化、多极化发展的大趋势十分明显。信息化与经济全球化,推动着全球产业

分工深化和经济结构调整,改变着世界市场和世界经济竞争格局。从全球范围来看,主要表现在 3 个方面:

（1）信息化促进产业结构的调整、转换和升级

电子信息产品制造业、软件业、信息服务业、通信业、金融保险业等一批新兴产业迅速崛起,传统产业如煤炭、钢铁、石油、化工、农业在国民经济中的比重日渐下降,信息产业在国民经济中的主导地位越来越突出。国内外已有专家把信息产业从传统的产业分类体系中分离出来,称其为农业、工业、服务业之后的"第四产业"。

（2）信息化成为推动经济增长的重要手段

信息经济的一个显著特征就是技术含量高、渗透性强、增值快,可以很大程度上优化对各种生产要素的管理及配置,从而使各种资源的配置达到最优状态,降低了生产成本,提高了劳动生产率,扩大了社会的总产量,推动了经济的增长。

（3）信息化引起生活方式和社会结构的变化

随着信息技术的不断进步,智能化的综合网络遍布社会各个角落,信息技术正在改变人类的学习方式、工作方式和娱乐方式。数字化的生产工具与消费终端广泛应用,人类已经生活在一个被各种信息终端所包围的社会中。信息逐渐成为现代人类生活不可或缺的重要元素之一。一大批新的就业形态和就业方式被催生,如弹性工时制、家庭办公、网上求职和灵活就业等。商业交易方式、政府管理模式、社会管理结构也在发生变化。

2）信息社会的主要问题

信息化在迅猛发展的同时,也给人类带来负面、消极的影响。这主要体现在:

（1）信息污染

信息污染主要表现为信息虚假、信息垃圾、信息干扰、信息无序、信息缺损、信息过时、信息冗余、信息误导、信息泛滥和信息不健康等。

（2）信息犯罪

信息犯罪主要表现为黑客攻击、网上"黄赌毒"、网上诈骗和窃取信息等。

（3）信息侵权

信息侵权主要是指知识产权侵权,还包括侵犯个人隐私权。

（4）计算机病毒

它是具有破坏性的程序,通过拷贝、网络传输潜伏于计算机的存储器中,时机成熟时发作。发作时,轻者消耗计算机资源,使计算机效率降低;重者破坏数据、软件系统,有的甚至破坏计算机硬件或使网络瘫痪。

（5）信息侵略

信息强势国家通过信息垄断和大肆宣扬自己的价值观,用自己的文化和生活方式影响其他国家。

3）信息素养

信息素养（Information Literacy）的本质是全球信息化需要人们具备的一种基本能力。信

息素养这一概念是信息产业协会主席保罗·泽考斯基于1974年在美国提出的。简单的定义来自1989年美国图书馆学会(American Library Association，ALA)，它包括：能够判断什么时候需要信息，并且懂得如何去获取信息，如何去评价和有效利用所需的信息。

信息素养包含技术和人文两个层面的意义：从技术层面上来讲，信息素养反映的是人们利用信息的意识和能力；从人文层面来讲，信息素养反映了人们面对信息的心理状态，或者说面对信息的修养。具体而言，信息素养应包含以下5个方面的内容：

①热爱生活，有获取信息的意愿，能够主动地从生活实践中不断地查找、探究新信息。

②具有基本的科学和文化常识，能够较为自如地对获得的信息进行辨别和分析，正确地加以评估。

③可灵活地支配信息，较好地掌握选择信息、拒绝信息的技能。

④能够有效地利用信息，表达个人的思想和观念，并乐意与他人分享不同的见解或咨询。

⑤无论面对何种情境，能够充满自信地运用各类信息解决问题，有较强的创新意识和进取精神。

1.1.3 思考与创新训练

1) 思考

某高校江姓女同学在一次网购时遇到了这样的情况："在网上搜到了自己中意的一件衣服，因为尺寸不全，就跟在线客服联系，客服让她问下销售人员。然后，她在网上与销售人员联系，销售人员告诉她有合适的尺寸之后，给她发了个链接。她点开链接就进入一个页面，到了付款的时候一直显示付款失败，提示让她重试，最后她把卡上两千余元分七八次付给了链接中的商家，才意识到自己被骗。"

请分析信息的哪些特点在这个案例中得到了体现？

2) 创新训练

选题：以"保护个人信息、谨防网络诈骗"为主题，命题自拟。关注信息社会典型网络诈骗案例，如微信诈骗、平台诈骗和网贷等。

讨论稿需包含以下关键点：

①典型诈骗案例展示，采用图片匹配文字形式展现。

②结合案例分析原因，提出信息保护措施，杜绝上当受骗。

格式要求：采用PPT的形式展示。

考核方式：采取课内发言方式，时间要求3~5 min。

任务 2　信息技术认知

引导案例

ETC(Electronic Toll Collection),即不停车收费系统,是目前世界上最先进的路桥收费方式。使用该系统,车主只要在车窗上安装感应卡并预存费用,通过收费站时便不用人工缴费,也无须停车,高速通行费将从卡中自动扣除。这种收费系统每车收费耗时不到两秒,其收费通道的通行能力是人工收费通道的 5~10 倍。

和传统的人工收费系统不同,ETC 技术是以 IC 卡作为数据载体,通过无线数据交换方式实现收费计算机与 IC 卡的远程数据存取功能。计算机可以读取 IC 卡中存放的有关车辆的固有信息(如车辆类别、车主、车牌号等)、道路运行信息、征费状态信息。按照既定的收费标准,通过计算,从 IC 卡中扣除本次道路使用通行费。当然,ETC 也需要对车辆进行自动检测和自动车辆分类。

想一想:不停车收费系统的实现涉及哪些现代信息技术?

任务目标

通过本任务的学习应掌握以下内容:

- 信息技术的含义;
- 信息技术的发展和分类;
- 现代信息技术。

1.2.1　信息技术

信息技术(Information Technology, IT)是指在信息科学的基本原理和方法指导下扩展人类信息功能的技术。一般来说,信息技术是以电子计算机和现代通信为主要手段,实现信息的获取、加工、传递和利用等功能的技术总和。人的信息功能包括:感觉器官承担的信息获取功能,神经网络承担的信息传递功能,思维器官承担的信息认知功能和信息再生功能,效应器官承担的信息执行功能。

人们对信息技术的定义,因其使用的目的、范围、层次不同而有不同的表述:信息技术就是"获取、存储、传递、处理分析以及使信息标准化的技术";信息技术包含"通信、计算机与计算机语言、计算机游戏、电子技术、光纤技术等";现代信息技术"以计算机技术、微电子技术和通信技术为特征,包括 ERP、GPS、RFID 等,是一个内容十分广泛的技术群,它包括微电子技术、光电子技术、通信技术、网络技术、感测技术、控制技术、显示技术等"。总之,信息技术包括信息传递过程中的各个方面,即信息的产生、收集、交换、存储、传输、显示、识别、提取、控制、加工和利用等技术,是这些技术的总和。

1.2.2 信息技术的发展与分类

1)信息技术的发展

信息技术的发展分为 5 个阶段,每次新技术的使用都引起了一次技术革命(表 1.1)。

表 1.1 信息技术发展阶段

信息技术革命	时间	标志事件
第一次	后巴别塔时代	语言的使用,使语言成为人类进行思想交流和信息传播不可缺少的工具
第二次	铁器时代,约公元前 14 世纪	文字的出现和使用,使人类对信息的保存和传播取得重大突破,超越了时间和地域的局限
第三次	第 6—15 世纪	印刷术的发明和使用,使书籍、报刊成为重要的信息储存和传播的媒体
第四次	19 世纪	电话、广播、电视的使用,使人类进入利用电磁波传播信息的时代
第五次	20 世纪 40 年代	计算机和网络的发明和使用,以 1946 年电子计算机的问世为标志

2)信息技术的分类

凡是能扩展人的信息功能的技术,都是信息技术。可以说,这就是信息技术的基本定义。它主要是指利用电子计算机和现代通信手段实现获取信息、传递信息、存储信息、处理信息、显示信息和分配信息等的相关技术。

具体来讲,信息技术主要包括以下几方面的技术:

①感知与识别技术——扩展人类获取信息的感觉器官功能,提高人们的感知范围、感知精度和灵敏度。它包括信息识别、信息提取、信息检测等技术。这类技术的总称是"传感技术"。它几乎可以扩展人类所有感觉器官的传感功能。传感技术、测量技术与通信技术相结合而产生的遥感技术,更使人类感知信息的能力得到进一步加强。信息识别包括文字识别、语音识别和图形识别等。通常是采用一种称为"模式识别"的方法。

②信息传递技术与存储技术——实现信息快速、可靠、安全地转移和存储。扩展神经网络功能,消除人们交流信息的空间和时间障碍(蜂窝、分布式网络)。广播技术也是一种传递信息的技术。由于存储、记录可以看成从"现在"向"未来"或从"过去"向"现在"传递信息

的一种活动,因而也可将它看作信息传递技术的一种。

③信息处理与再生技术——扩展思维器官功能,增强人们的信息加工处理能力,包括对信息的编码、压缩和加密等。在对信息进行处理的基础上,还可形成一些新的更深层次的决策信息,这称为信息的"再生"。信息的处理与再生都有赖于现代电子计算机的超凡功能。

④信息施用技术——扩展效应器官功能,增强人们的信息控制能力,是信息过程的最后环节。它包括控制技术和显示技术等。

由上可见,传感技术、通信技术、计算机技术和控制技术是信息技术的四大基本技术,其中现代计算机技术和通信技术是信息技术的两大支柱。

1.2.3 现代信息技术

现代信息技术是通过以微电子学为基础的计算机技术和电信技术的结合,对声音的、图像的、文字的、数字的和各种传感信号的信息进行获取、加工、处理、储存、传播和使用的能动技术。它的核心是信息学。现代信息技术包括 ERP、GPS 和 RFID 等,是一个内容十分广泛的技术群,它包括微电子技术、光电子技术、通信技术、网络技术、感测技术、控制技术和显示技术等。

1) 企业资源计划

企业资源计划(Enterprise Resource Planning, ERP)是指建立在信息技术基础上,集信息技术与先进管理思想于一身,以系统化的管理思想,为企业员工及决策层提供决策手段的管理平台。

它是从 MRP(物料需求计划)发展而来的新一代集成化管理信息系统,它扩展了 MRP 的功能,其核心思想是供应链管理。它跳出了传统企业边界,从供应链范围去优化企业的资源,优化了现代企业的运行模式,反映了市场对企业合理调配资源的要求。它对改善企业业务流程、提高企业核心竞争力具有显著作用。

2) 全球定位系统

全球定位系统(Global Positioning System, GPS)是一种结合卫星及通信发展的技术,利用导航卫星进行测时和测距,具有海陆空全方位实时三维导航与定位能力。目前,GPS 广泛应用于运输管理和军事领域,实现了车辆实时跟踪和调度等。

3) 射频识别技术

射频识别(Radio Frequency Identification, RFID)技术是一种无线通信技术,可以通过无线电信号识别特定目标并读写相关数据,而无须识别系统与特定目标之间建立机械或者光学接触。无线电的信号是通过调成无线电频率的电磁场,把数据从附着在物品上的标签上传送出去,以自动辨识与追踪该物品。某些标签在识别时从识别器发出的电磁场中就可以得到能量,并不需要电池;也有标签本身拥有电源,并可以主动发出无线电波(调成无线电频率的电磁场)。标签包含电子存储的信息,数米之内都可以识别。与条形码不同的是,射频标签不需要处在识别器视线之内,也可以嵌入被追踪物体之内。

RFID 技术作为构建"物联网"的关键技术,近年来受到人们的关注。RFID 技术最早起源于英国,应用于第二次世界大战中辨别敌我飞机身份,20 世纪 60 年代开始商用。目前,在身份证件和门禁控制、供应链和库存跟踪、汽车收费、防盗、生产控制、资产管理等领域,射频识别技术得到了广泛应用。

4)电子数据交换

电子数据交换(Electronic Data Interchange, EDI)技术是一种利用计算机进行商务处理的方法。EDI 技术是将贸易、运输、保险、银行和海关等行业的信息,用一种国际公认的标准格式,通过计算机通信网络,使各有关部门、公司与企业之间进行数据交换和处理,并完成以贸易为中心的全部业务过程。

1.2.4　思考与创新训练

1)思考

激情——不可名状的冲动,可以形容当下的"无人商业"热,业界热议、媒体热传。《联商网》推出特别专题策划《"激情"无人商业》,方便业界廓清认知。

从现金到支付宝,从线下购买到线上下单,超市购物的方便快捷让消费者不再满足于枯燥的排队等待。而近期"阿里无人超市"的爆红,更是激发了人们对"无人店"的探索。最近,永辉超市的自动收银机在国内悄然铺开,而物美超市的"自由购"项目也在有条不紊地进行着。在《联商网》的后续观察中,使用自助结账设备的多为年轻人,并使用支付宝、微信等方式进行支付;年纪大的消费者仍习惯排队等候人工结账。

另据了解,Bravo YH 滨江宝龙店还引进自助磅秤机、积分卡自助办卡机、紫外线消毒机等自助服务设施。《联商网》在探店过程中发现,现场有不少消费者在排队自主使用。

请分析哪些信息技术在这个案例中得到了应用?

2)创新训练

①请分析沃尔玛用 RFID 技术取代条码技术的原因。

②中国的供应商应如何应对?

③用 RFID 技术取代条码技术,中国企业面临的最大困难是什么?

要求:三人一组将上面的内容整理成 PPT,按组展示汇报。

单元 2　走进计算机世界

计算机技术是当代众多新兴技术中发展最快、应用最广的一项技术,也是渗透力最强、对社会发展的影响最为深远的高新技术。今天,它已经深入社会的每一个角落,正改变着人们的生产方式、社会活动方式和家庭生活方式。通过本单元的学习,可以加深对计算机基础知识和计算机系统组成的了解,理解计算机的工作原理,掌握计算机中信息的表示,熟悉计算机操作系统的基本操作,为更好地使用计算机打下基础。

任务 1　计算机系统认知

⬇引导案例

张辉是一名物联网应用技术专业一年级的学生,在学习时,由于经常需要找老师调试自己编写的程序,因此使用台式计算机有诸多不便,而使用便携式计算机就很方便。根据自己的专业特点和学习的需要,张辉想买一台性能好、携带轻便且性价比高的便携式计算机,以便自己学习时使用。通过到电脑市场去了解,上网查找,张辉初步了解了电脑的配置清单,但是对性能指标不太了解,不知道怎样的配置才是性价比最高的。张辉如何解决自己面临的问题呢?

想一想:如何选购一台能满足自己工作、学习需求的计算机?

⬇任务目标

通过本任务的学习应掌握以下内容:
- 计算机的基本特点、应用领域和发展趋势等基础知识;
- 计算机系统的组成;

- 计算机工作原理;
- 信息在计算机中的表示方法。

2.1.1　计算机概述

1) 计算机的发展史

世界上第一台电子数字式计算机于 1946 年 2 月 15 日在美国宾夕法尼亚大学诞生,它的名称叫 ENIAC(埃尼阿克),如图 2.1 所示。它使用了 17 468 个真空电子管,耗电 174 千瓦,占地 170 m^2,重达 30 t,每秒可进行 5 000 次加法运算。虽然它的功能还比不上今天最普通的一台微型计算机,但在当时它已是运算速度的绝对冠军,并且其运算的精确度和准确度也是史无前例的。

图 2.1　第一台计算机 ENIAC

从 1946 年第一台计算机诞生以来,电子计算机已经走过了 70 多年的历史,计算机的体积不断变小,但性能速度却在不断提高。根据计算机采用的物理器件,一般将计算机的发展分为 4 个阶段(表 2.1)。

表 2.1　计算机的发展史

时代	电子元器件	年份	特点
第一代	电子管	1946—1958 年	①体积大,耗电量大,寿命短,可靠性差,成本高 ②容量小 ③外设采用纸带、卡片、磁带等 ④用机器语言和汇编语言编程
第二代	晶体管	1959—1964 年	①体积减小,质量减轻,能耗降低,成本下降,可靠性和运算速度提高 ②主存用磁芯,外存用磁盘/磁鼓 ③输入输出方式有很大的改进 ④提出了操作系统概念,出现了高级语言
第三代	中小规模集成电路	1965—1970 年	①体积更小,质量更小,耗电更省,寿命更长,成本更低,运算速度有了更大提高 ②辅存以磁盘、磁带为主 ③出现了分时操作系统 ④采用了结构化程序设计

续表

时代	电子元器件	年份	特点
第四代	大/超大规模集成电路	1971 年至今	①体积、质量、成本均大幅度降低,出现了微型机 ②主存集成度越来越高,容量越来越大 ③输入输出设备相继出现 ④操作系统进一步完善 ⑤多媒体技术崛起

目前,许多新型计算机正在慢慢崛起,也许在不久的将来就能看到第五代计算机所带来的全新数据时代。下面是几种计算机未来的发展趋势:

(1)超级计算机

这种计算机专门被各个国家用于计算量巨大的专业性学术研究,它的超大容量和惊人功能使它可以计算许多复杂而庞大的问题,如航天工程、石油勘探开发等方面的大量数字算法。可以说,一个国家的国力体现在研制超级计算机的技术水平上。目前,我国超级计算机的研制情况见表2.2。

表2.2　超级计算机

研究单位	计算机名称	研制成功时间	运行速度	备注
国防科技大学计算机研究所	银河-Ⅰ	1983 年	每秒 1 亿次	
	银河-Ⅱ	1994 年	每秒 10 亿次	
	银河-Ⅲ	1997 年	每秒 130 亿次	
	银河-Ⅳ	2000 年	每秒 1 万亿次	
	银河-Ⅴ	未知	未知	军用
	天河一号	2009 年	每秒 2 566 万亿次	
	天河二号	2014 年	每秒 3.39 亿亿次	
中科院计算技术研究所(曙光信息产业股份有限公司)	曙光一号	1992 年	每秒 6.4 亿次	
	曙光-1000	1995 年	每秒 25 亿次	
	曙光-1000A	1996 年	每秒 40 亿次	
	曙光-2000 Ⅰ	1998 年	每秒 200 亿次	
	曙光-2000 Ⅱ	1999 年	每秒 1 117 亿次	
	曙光-3000	2000 年	每秒 4 032 亿次	
	曙光-4000L	2003 年	每秒 4.2 万亿次	
	曙光-4000A	2004 年	每秒 11 万亿次	
	曙光-5000A	2008 年	每秒 230 万亿次	
	曙光-星云	2010 年	每秒 1 271 万亿次	
	曙光-6000	2011 年	每秒 1 271 万亿次	采用曙光星云系统

续表

研究单位	计算机名称	研制成功时间	运行速度	备注
国家并行计算机工程技术中心	神威-Ⅰ	1999 年	每秒 3 840 亿次	
	神威 3000A	2007 年	每秒 18 万亿次	
	神威-Ⅱ	在研	每秒 300 万亿次	军用
	神威·太湖之光	2016 年	每秒 9.3 亿亿次	目前世界第一
联想集团	深腾 1800	2002 年	每秒 1 万亿次	
	深腾 6800	2003 年	每秒 5.3 万亿次	
	深腾 7000	2008 年	每秒 106.5 万亿次	
	深腾 X	在研	每秒 1 000 万亿次	

（2）生物计算机

细胞将信息存储在类似于"内存"的地方,生化分子接触细胞表面,为其输入数据,细胞通过体内错综复杂、层层级联的分子相互作用处理这些数据,理论上每个细胞都是一个强大的计算单元。如果我们能像制作电子计算机一样,实现对细胞行为的编程能力,生物计算的前景将难以预估。因此生物学家坚信,未来微型生物计算机可漫游在人体内,监控身体健康状态,并修正它们发现的任何问题。

（3）量子计算机

量子计算机和电子计算机的区别在哪里呢? 简单来说,就是计算能力。在电子计算机里,一个微小晶体管中存储的数据,在一个时间点上是固定的,要么是 1,要么是 0。而量子计算机则不同,量子具有叠加态,一个量子位可以有两种状态,这样 n 个量子位时就有 2 的 n 次方种状态。更神奇的地方在于,传统电子计算机的计算方式是串行运算,一个算完算下一个。而量子计算,由于这种叠加态,天然就能并行运算。如电子计算机要分成 50 次计算完成,量子计算机则可以把这过程分成 50 个部分,同时计算完成,再叠加给出结果。这就比如说,你一个人要完成一项工程,原来只能一部分一部分地做,现在你突然有好多个分身,同时可以高效、准确地做不同部分。

（4）类脑计算机

2016 年 8 月 3 日,首个人造随机相变神经元成功问世。该项目由苏黎世 IBM 研究中心 Tomas Tuma 及其同事共同完成。该研究借鉴了人脑中神经元细胞的脉冲模型,由输入端（树突）、神经薄膜（双分子层）、信号发生器（主体）、输出端（轴突）组成。

2）计算机的特征

①运算速度快;

②精确度高,可靠性好;

③具有记忆能力和逻辑判断能力;

④能自动执行命令;

⑤具有高性能的实时通信和交流能力；

⑥具有信息表达形式的直观性和使用的方便性。

3）计算机的应用领域

计算机的应用领域已渗透到社会的各行各业，正在改变着传统的工作、学习和生活方式，推动着社会的发展。计算机主要应用在以下领域。

（1）科学计算

在现代科学技术工作中，科学计算问题是大量的和复杂的。如建筑设计中为了确定构件尺寸，通过弹性力学导出一系列复杂方程，长期以来由于计算方法跟不上而一直无法求解。而计算机不但能求解这类方程，并且引起弹性理论上的一次突破，出现了有限单元法。

（2）信息处理

目前，数据处理已广泛地应用于办公自动化、企事业计算机辅助管理与决策、情报检索、图书管理、电影电视动画设计、会计电算化等各行各业。信息正在形成独立的产业，多媒体技术使信息展现在人们面前的不仅是数字和文字，也有声情并茂的声音和图像信息。

（3）计算机辅助工程

计算机辅助工程指用计算机作为工具，辅助人们对飞机、船舶、桥梁、建筑、集成电路、电子线路等进行设计。它能帮助人们缩短设计周期，提高设计质量，减少差错，包括计算机辅助设计（Computer Aided Design，CAD）、计算机辅助制造（Computer Aided Manufacturing，CAM）和计算机辅助教学（Computer Aided Instruction，CAI）等。

（4）过程控制

采用计算机进行过程控制，不仅可以大大提高控制的自动化水平，而且可以提高控制的及时性和准确性，从而改善劳动条件、提高产品质量及合格率。如在汽车工业方面，利用计算机控制机床、控制整个装配流水线，不仅可以实现精度要求高、形状复杂的零件加工自动化，而且可以使整个车间或工厂实现自动化。

（5）人工智能

人工智能（Artificial Intelligence，AI）是探索计算机模拟人的感觉和思维规律的科学。它是控制论、计算机科学、仿真技术和心理学等多学科的产物。人工智能的研究和应用领域包括模式识别、自然语言理解、专家系统、自动程序设计和智能机器人等。现在人工智能的研究已取得不少成果，有些已开始走向实用阶段，如能模拟高水平医学专家进行疾病诊疗的专家系统，具有一定思维能力的智能机器人，等等。

（6）网络应用

计算机网络的建立，不仅解决了一个单位、一个地区、一个国家中计算机与计算机之间的通信，各种软、硬件资源的共享，也大大促进了国际间的文字、图像、视频和声音等各类数据的传输与处理。

2.1.2　计算机的系统组成

　　一个完整的计算机系统由硬件系统和软件系统组成。计算机硬件是计算机系统中由电子、机械和光电元件组成的各种计算机部件和设备的总称,是计算机完成各项工作的物质基础。计算机软件则是在计算机硬件设备上运行的各种程序及其相关文档和数据的总称。一般情况下,首先需要选配计算机硬件,在硬件基础上安装相关软件。表2.3是一张便携式计算机配置清单,下面通过其中几个重要指标来了解一下计算机的硬件系统组成。

表2.3　便携式计算机配置清单

名称	技术参数	名称	技术参数
操作系统	Windows 7 Home Basic	光驱类型	DVD 刻录机
处理器型号	Intel 酷睿 i5-8250U	屏幕尺寸	14 in
核心	四核	分辨率	1 366×768
处理器主频	1.6 GHz 睿频至 3.4 GHz	摄像头	720p
三级缓存	6 MB	扬声器	内置
内存容量	8 GB	麦克风	内置
内存类型	DDR4 2400	无线网卡	802.11b/g/n
硬盘类型	SSD 固态硬盘	指取设备	触摸板
硬盘容量	256 GB	数据接口	3 个 USB 3.0
显卡类型	独立显卡	电池续航	5～8 h
显卡芯片	AMD Radeon RX550 2GB GDDR5 独立显存	净重	1.75 kg

1)中央处理器

　　中央处理器(Central Processing Unit, CPU)是计算机的核心部件,负责处理、运算计算机内部的数据。计算机上所有的其他设备在 CPU 的控制下有序、协调地工作。CPU 里的每个核心包含两大部件:控制器和运算器,外观如图2.2所示。

　　①控制器:计算机硬件系统的指挥中心,它的作用是控制程序的执行,确保各个部件协调一致有条不紊地完成各种操作。

　　②运算器:对数据进行算术运算和逻辑运算。

图2.2　CPU

CPU 重要性能指标：主频，也就是 CPU 的时钟频率，单位是 MHz（或 GHz），简单地说也就是 CPU 的工作频率。一般说来，一个时钟周期完成的指令数是固定的，所以主频越高，CPU 的速度也就越快。不过由于各种 CPU 的内部结构也不尽相同，所以并不能完全用主频来概括 CPU 的性能。

目前生产 CPU 的主要有 Intel 和 AMD 公司。当前 Intel 的 CPU 主要有酷睿（Core）智能处理器的 3 个系列：Core i3、Core i5 和 Core i7。Intel 目前顶级的 CPU 是 2017 年发布上市的 i9-7980XE，18 核 36 线程，这种万元级以上的 CPU 主要是在一些大型专业场合，如专业设计、视频渲染场景中使用。

AMD 系列中的各个 CPU 在 Intel 中都能找到相对应的产品，而且性能基本一致。AMD 主要有 A10、A8、A6、A4 等系列，对应于 Intel 的 Core i5、Core i3。目前 AMD 顶级的处理器为 2017 年发布上市的 Threadripper 1950X，16 核 32 线程，性能仅次于 i9-7980XE，定位于专业场景用户以及极度游戏发烧友用户群体。

在同级别的情况下，AMD 的 CPU 浮点运算能力比 Intel 的稍弱，强项在于集成的显卡。在相同的价格情况下，AMD 的配置更高，核心数量更多。

2）内存储器

内存储器也被称为内存，是 CPU 能够直接访问的存储器，用于存放正在运行的程序和数据。内存储器可分为 3 种类型：随机存储器（Random Access Memory，RAM）、只读存储器（Read Only Memory，ROM）以及高速缓冲存储器（Cache）。随机存储器如图 2.3 所示。随机存储器、只读存储器、高速缓冲存储器的特点详见表 2.4。

表 2.4　随机存储器、只读存储器、高速缓冲存储器的特点

随机存储器	只读存储器	高速缓冲存储器
可读可写	只读不写	可读可写
存取系统运行时的程序和数据	存取固定的程序和数据	连接 RAM 和 CPU，高速读写数据
断电后信息会丢失	断电后信息不会丢失	断电后信息会丢失

内存储器 RAM 的主要性能指标有两个：存储容量和存取速度。主板上一般有 2 个或 4 个内存插槽，内存容量上受 CPU 位数和主板设计的限制。存取速度主要由内存本身的工作频率决定，目前可以达到 3 200 MHz。

图 2.3　随机存储器外观图

生产内存的厂家较多，质量较为可靠的品牌有金士顿、三星、威刚和海盗船等。

3）外存储器

外存储器也称外存，是内存的补充和后援，存储容量大，是内存容量的数十倍或数百倍，用于存放暂时不用的程序和数据。常见的外存储器有硬盘、软盘、光盘和 U 盘等。内存和外存的特点详见表 2.5。

表 2.5　内存和外存的特点

内存	外存
在计算机主机中	在计算机主机中以及外部都有
直接和 CPU 交换数据	间接和 CPU 交换数据，需要先调入内存
容量小、存储速度快	容量大、存储速度慢
用于存放那些正在处理的数据或正在运行的程序	用于存放暂时不用的数据

（1）硬盘

硬盘有机械硬盘（HDD 传统硬盘，图 2.4）、固态硬盘（SSD 盘，新式硬盘，图 2.5）、混合硬盘（HHD，一种基于传统机械硬盘诞生出来的新硬盘）。HDD 采用磁性碟片来存储，SSD 采用闪存颗粒来存储，HHD 是把磁性硬盘和闪存集成到一起的一种硬盘。绝大多数硬盘都是固定硬盘，被永久性地密封固定在硬盘驱动器中。

图 2.4　机械硬盘　　　　　图 2.5　固态硬盘

硬盘性能指标有存储容量、转速和平均寻道时间等。

①存储容量。通常所说的容量是指硬盘的总容量，硬盘的总容量已经可以实现上百 GB 甚至几 TB 了（商业购买的硬盘容量为 1 TB 的，可能实际只有 1 000 GB，而不是 1 024 GB，真正意义上的 1 TB = 1 024 GB）。

②转速。转速是指硬盘内电机主轴的转动速度，单位是 RPM（每分钟旋转次数）。转速是决定硬盘内部传输率的决定因素之一，它的快慢在很大程度上决定了硬盘的速度，同时也是区别硬盘档次的重要指标。目前一般的硬盘转速为 5 400 转和 7 200 转，最高的转速则可达到 10 000 r/min 及以上。

③平均寻道时间。平均寻道时间是指硬盘磁头移动到数据所在磁道时所用的时间，单位为毫秒（ms），硬盘的平均寻道时间一般低于 9 ms。平均寻道时间越短，硬盘的读取数据能力就越高。

硬盘的主流品牌有西部数据、希捷、三星、金士顿、东芝和日立等。

（2）U 盘

U 盘,全称 USB 闪存盘,英文名"USB Flash Disk"。它是一种使用 USB 接口（通用串行总线接口）的无须物理驱动器的微型高容量移动存储产品,通过 USB 接口与电脑连接,实现即插即用。

图 2.6　U 盘

由于现在的照片、视频等数据的单个存储大小和体量越来越大,所以不仅要求 U 盘的容量更大,更要求数据的传输速度要更快。因此,现在市场上越来越多的高速 U 盘——USB 3.0 接口的高速 U 盘。理论上来说,USB 2.0 可以达到 480 Mbps, USB 3.0 可以达到 5.0 Gbps,传输体验比 USB 2.0 快很多,对经常存储大容量文件的用户来说,买一款 USB 3.0 的 U 盘还是很有必要的。USB 2.0 和 USB 3.0 从外观上一眼就能区分,USB 3.0 的接口是蓝色的,如图 2.6 所示。

主流 U 盘品牌有金士顿、闪迪、东芝、恩威、惠普、台电、朗科、爱国者和忆捷等。

4）显卡

显卡（Video Card, Graphics Card）全称显示接口卡,又称显示适配器,是电脑进行数模信号转换的设备,承担输出显示图形的任务,主要分为集成显卡、核心显卡和独立显卡。

显卡的主要参数:

①显示芯片（芯片厂商、芯片型号、核心频率、SP 单元和版本级别等）。

②显卡内存（显存类型、显存容量和显存带宽等）。

以上是选购计算机的几个重要考虑因素,硬件系统也称为"裸机",没有软件是无法工作的。因此,在选购好计算机硬件系统后,还需要安装计算机软件系统。

5）软件系统

软件是指程序、程序运行所需要的数据以及开发、使用和维护这些程序所需要的文档的集合。计算机软件系统由系统软件、支撑软件和应用软件构成。

计算机系统软件是为管理、监控和维护计算机资源而设计的软件,它由操作系统、语言处理程序、数据库系统等组成。操作系统实施对各种软、硬件资源的管理控制。语言处理程序是把用户用汇编语言或某种高级语言所编写的程序翻译成机器可执行的机器语言程序。便携式计算机在出厂时已经预装了新版操作系统。

支撑软件有接口软件、工具软件和环境数据库等,它能支持用机的环境,提供软件研制工具。

应用软件是用户按其需要自行编写的专用程序,它借助系统软件和支撑软件来运行,是软件系统的最外层。

总体来说,完整计算机的系统组成如图 2.7 所示。

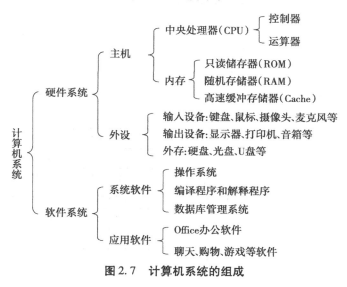

图 2.7 计算机系统的组成

6) 计算机工作原理

1945 年,美籍匈牙利数学家冯·诺依曼提出了"存储程序控制"原理,也称为冯·诺依曼原理,从而为计算机的发展奠定了坚实的基础。冯·诺依曼原理主要特点可以归结为以下几点。

①计算机硬件系统由 5 个基本部分组成:运算器、控制器、存储器、输入设备和输出设备。

②程序和数据以同等地位存放在存储器中,并按地址寻访。

③程序和数据以二进制形式表示。

70 多年来,虽然计算机系统从性能指标、运算速度、工作方式、应用领域和价格等方面与当时的计算机有很大差别,但基本结构没有变,都属于冯·诺依曼原理计算机。

2.1.3 计算机中的信息存储方式

1) 计算机中数据存储的单位

计算机中的数据是以二进制形式表示和存储的。计算机中数据存储的单位如表 2.6 所示,在内存的存储如图 2.8 所示。

表 2.6 数据存储的单位

单位	名称	含义	说明
bit	位	二进制的一位	最小单位
Byte	字节	1 B = 8 bit	基本单位
KB	千字节	1 KB = 1 024 B = 2^{10} B	适用于文件计量

续表

单位	名称	含义	说明
MB	兆字节	1 MB = 1 024 KB = 2^{20} B	适用于内存、软盘、光盘计量
GB	吉字节	1 GB = 1 024 MB = 2^{30} B	适用于硬盘计量
TB	太字节	1 TB = 1 024 GB = 2^{40} B	适用于硬盘计量

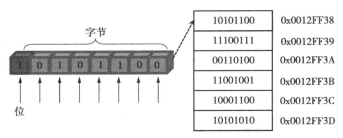

图 2.8　内存存储示意图

2) 数据在计算机内部的编码

（1）数字的编码

在计算机中,数字常用二进制、八进制、十进制和十六进制,所有进制的数字都需要转换为二进制进行存储和处理,这就是进制的转换。

如十进制数字12,经过进制转换的计算,会得到它的二进制编码:1100,转换过程如图2.9所示。

（2）西文字符的编码

国际常用的西文字符编码为 ASCII 码,是美国信息交换标准代码的缩写,每个西文字符在内存中存储时的最高位规定为0,再加上查询 ASCII 码得到的 7 位编码,这样西文字符在内存中存储时占用一个字节的空间。

```
2 | 12  ……0
2 | 6   ……0
2 | 3   ……1
2 | 1   ……1
    0
```

图 2.9　进制转换

例如,字母 A,查询 ASCII 码得到1000001,加上最高位0,即 01000001 为字母 A 在内存的存储。

（3）汉字的编码

计算机中汉字的表示也是用二进制编码,同样是人为编码的。中国标准总局 1981 年制定了中华人民共和国国家标准 GB 2312—80《信息交换用　汉字编码字符集（基本集）》,即国标码。但是,汉字在计算机内部的表示比字符要复杂,汉字通过汉字输入码输入计算机内,然后通过查询国标码转换为机内码,以机内码的形式进行存储和处理。

例如,一个汉字的国标码查到为 0101000001100011,转换为机内码为 1101000011100011,这个机内码就是这个汉字在计算机当中存储的内容。

（4）图片的编码

图片在内存存储的是每一个像素对应的颜色值,如一个圆点图片,圆点放大后如图 2.10

所示,每个像素点对应的颜色值转换为二进制数据,保存到计算机中如图 2.11 所示,可以占288 KB。

图 2.10　圆点图片

图 2.11　图片属性

2.1.4　计算机的使用常识

正确使用计算机,会判断常见的故障并进行排除,是当代大学生必备的技能。

1)计算机使用规范

①计算机应放置在整洁的环境中,灰尘几乎会对计算机的所有配件造成不良影响,从而缩短计算机使用寿命或影响其性能。

②正确开机、关机。计算机设备一定要正确关闭电源,否则会影响其工作寿命,这也是一些故障的罪魁祸首。

正确的计算机开关机顺序是:开机,先接通并开启计算机的外围设备电源(如显示器、打印机等),然后再开启计算机主机电源;关机顺序正好相反,先关主机电源,然后再断开其他外围设备的电源。

③定期对数据进行备份并整理磁盘。由于硬盘的频繁使用、病毒攻击和误操作等,有些数据、重要资料很容易丢失,所以要经常对一些重要数据进行备份。经常整理磁盘,及时清理垃圾文件,以免垃圾文件占用过多的磁盘空间,给正常文件的查找和管理带来不便。

④定期升级并且查杀病毒,注意预防病毒的安全常识。上网时要注意,不懂的东西不要乱点,尤其是漂浮广告等,不要随意点击它;收到陌生人发来的电子邮件,尤其是那些标题很具诱惑力,如一则笑话,或者一封情书等又带有附件的电子邮件;使用 U 盘前先进行病毒查杀,定期用防病毒软件检测系统有没有病毒。

⑤电脑工作时不要搬动主机箱或使其受到冲击震动,否则会影响硬盘的使用寿命。

2)常见计算机系统故障分析

①自动关机:现今的主板对 CPU 有温度监控功能,一旦 CPU 温度过高,超过了主板

BIOS 中所设定的温度,主板就会自动切断电源,以保护相关硬件。另外,系统中的电源管理和病毒软件也会导致这种现象发生。

②死机或蓝屏:系统自身的 BUG 以及各软件间的兼容性问题是该故障的原因,也可能是用户同一时间运行了过多的大程序,从而导致进程阻塞,引发死机。死机分 2 种:真死和假死,二者区分的最简单方法是按下小键盘区的 Numlock 键,观察其指示灯有无变化。有变化,假死;反之,则真死。假死可以同时按下 Alt+Ctrl+Del 键在出现的任务列表里选定程序名后标注没有响应的项,单击结束任务。真死,只有冷启动了。对于蓝屏,在按下 Esc 键无效后,选择重启,按机箱面板上的复位键。对于兼容性问题,可以从卸载"问题"软件和更新主板 BIOS 和相关主板驱动程序上来解决。

③系统故障,进不了系统:典型表现为开机自检通过,在启动画面处停止,或显示:The disk is error 等提示的诸多现象。引起系统故障的原因很多,比较常见的就是系统文件被修改,破坏,或是加载了不正常的命令行。此外,硬盘的故障也是原因之一。

④怪响异味:怪响,可能是由于硬盘的坏道造成硬盘发出的(咯咯的刺耳声);也有可能是硬盘、光驱螺丝没有上牢,造成机箱的共振。异味,多为焦煳味,很刺鼻子的那种。应对之策是首先关闭电源,打开机箱面板,一一检查,若是螺丝松动,则拧紧螺丝,若是坏道,则修复或屏蔽。对于异味,要千万小心,最好交由售后或维修中心处理。

2.1.5 思考与创新训练

1) 思考

①简述计算机的五大组成部分。

②CPU 有哪些性能指标?

③ROM 和 RAM 的作用和区别是什么?

④简述高速缓冲存储器的作用和原理。

⑤常见的输入输出设备有哪些?

2) 创新训练

选题:以"计算机选购指南"为主题,关注市场主流计算机型号配置情况。

讨论稿需包含以下关键点:

①市场主流计算机型号配置情况展示,采用图片匹配文字形式展现。

②结合自己的购机目的和预算,列出合适的配置清单。

格式要求:采用 PPT 的形式展示。

考核方式:采取课内发言,时间要求 3~5 min。

任务 2　Windows 操作系统认知

➥ 引导案例：

　　小王应聘到某公司任职秘书岗位，公司给小王配备了一台新电脑，需要小王自己安装操作系统。小王经过学习了解，根据公司业务和电脑的配置，决定安装 Windows 7 操作系统。初次接触 Windows 7 操作系统让小王有点手忙脚乱，不知道怎样对公司的各种文件进行快速的分类管理，更不知道如何修改桌面的默认设置，打造个性化的工作环境等。

> **想一想：** 如果你是小王，会熟练使用 Windows 7 操作系统吗？会利用 Windows 7 操作系统常用技巧高效办公吗？

➥ 任务目标

　　通过本任务的学习应掌握以下内容：

- 文件的移动、复制、删除等操作；
- 文件整理归类；
- 常用文件加入库中；
- 设置用户账户名称、密码；
- 桌面个性化设置。

　　操作系统（Operating System，OS）是管理和控制计算机硬件与软件资源的计算机程序，是直接运行在"裸机"上的最基本的系统软件，任何其他软件都必须在操作系统的支持下才能运行。我们熟悉的 Windows 操作系统是美国微软公司研发的，采用了图形化模式 GUI，随着电脑硬件和软件的不断升级，微软的 Windows 也在不断升级，从架构的 16 位、32 位再到 64 位，系统版本从最初的 Windows 1.0 逐步升级到 Windows 7、Windows 8、Windows 8.1、Windows 10。

　　要根据计算机的 CPU 和内存情况，以及安装软件的兼容性选择操作系统。目前主流个人计算机操作系统是 Windows 7、Windows 10。

1）Windows 7 32 位和 Windows 7 64 位系统

　　双核以上的 CPU，内存为 1～3 GB，建议选择 Windows 7 32 位，如果电脑配置符合双核以上的 CPU 和至少 4 GB 或者 4 GB 以上的内存的要求，建议选装 Windows 7 64 位旗舰版系统,Windows 7 64 位是目前 Windows 里最好的、最主流的系统,游戏兼容性好。

2)Windows 10 32 位和 Windows 10 64 位

Windows 10 是微软发布的最后一个独立 Windows 版本,下一代 Windows 将作为更新形式出现。Windows 10 共有 7 个发行版本,分别面向不同用户和设备。系统对电脑的配置的要求并不高,CPU 单核以上,内存 1 GB 装 32 位系统,内存 2 GB 装 64 位系统。

2.2.1　管理文件资源

1)文件及文件夹的基本操作

(1)文件或文件夹的选定

在对文件或文件夹操作之前,必须先选定要操作的对象。

①选定连续的多个文件或文件夹。

单击第一个文件或文件夹,按住"Shift"键,然后再单击最后一个文件或文件夹。

②选定多个不连续的文件或文件夹。

按住"Ctrl"键,再用鼠标逐个单击要选择的文件或文件夹。

③全部选定。

单击"编辑"选择"全选",或者按"Ctrl+A"快捷键。

(2)文件或文件夹的复制与移动

日常所做的大部分文件和文件夹的管理工作,就是在不同的磁盘和文件夹之间复制和移动有关文件或文件夹。

①文件或文件夹的复制。

方法 1:选定要复制的文件或文件夹,单击工具栏"复制"按钮,再确定目标位置,单击"粘贴"按钮即可。

方法 2:选定要复制的文件或文件夹,单击菜单栏"编辑"选择"复制",再确定目标位置,单击"编辑"选择"粘贴"。

方法 3:(同一驱动器内)选定要复制的文件或文件夹,按住"Ctrl"键,拖动至目标位置;(不同驱动器之间)选择要复制的文件或文件夹,直接拖动至目标位置即可。

②文件或文件夹的移动。

文件或文件夹的移动与复制的方法相类似,常用以下方法:

方法 1:选定要移动的文件或文件夹,单击工具栏"剪切"按钮,再确定目标位置,单击"粘贴"按钮。

方法 2:选定要移动的文件或文件夹,单击菜单栏"编辑"选择"剪切",再确定目标位置,单击"编辑"选择"粘贴"。

方法 3:(同一驱动器内)选定要移动的文件或文件夹,直接拖动至目标位置;(不同驱动器之间)选定要移动的文件或文件夹,按住"Shift"键,拖动至目标位置。

(3)文件或文件夹的删除

磁盘中的文件或文件夹不再需要时,可将它们删除以释放磁盘空间,为防止误操作,Windows 设立了一个特殊的文件夹——"回收站",在删除文件或文件夹时,一般情况下,系统先将删除的文件或文件夹移动到"回收站"(只对硬盘有效),一旦误操作,还可以从"回收站"中恢复被误删的文件或文件夹。

①文件或文件夹的删除。

选定要删除的文件或文件夹,单击"文件"选择"删除"(或右击选择"删除"),在弹出的"删除"对话框中(图 2.12),单击"是"按钮,可将选定的文件或文件夹移动到回收站(U 盘中的文件或文件夹是直接删除的)中。

图 2.12　文件移动至回收站对话框

如果要将选定的文件或文件夹不经过回收站而直接彻底地删除,可在删除前先按住"Shift"键,再单击"删除",在弹出的对话框中单击"是"按钮即可。

删除的快捷键:Delete;彻底删除的快捷键:Shift+Delete。

②回收站的操作。

回收站是一个特殊的文件夹,默认在每个硬盘分区根目录下的 RECYCLER 文件夹中,而且是隐藏的。当你将文件删除并移到回收站后,实质上就是把它放到了这个文件夹,仍然占用磁盘的空间。只有在回收站里删除它或清空回收站才能使文件真正彻底地从电脑里删除,为电脑获得更多的磁盘空间。

双击桌面"回收站"图标,打开回收站窗口,如图 2.13 所示。

图 2.13　回收站窗口

在回收站窗口中,选定要操作的文件或文件夹,单击"文件"菜单,可选择"还原""删除"或"清空回收站"等操作,也可在选定文件或文件夹之后,单击工具栏的"还原此项目"或"清空回收站";也可在选定文件或文件夹之后,右击,在快捷菜单中选择"还原"或"删除"操作。

（4）文件或文件夹的重命名

文件或文件夹重命名的操作方法:

方法1:选定要改名的文件或文件夹,右击选择"重命名",此时的文件或文件夹处于修改状态,键入新文件名后按"Enter"键。

方法2:选定要改名的文件或文件夹,再单击一次（比双击速度要慢）。

方法3:使用快捷键F2。

注意:一次只能给一个文件或文件夹改名。

（5）文件或文件夹的显示和隐藏

为了避免文件或文件夹被意外地删除或修改,可以将它们隐藏起来,需要编辑时再显示出来。方法如下:

①在需要隐藏的文件右击,在弹出的快捷菜单中选择"属性",在打开的文件属性对话框窗口中,单击第一个"常规"功能区,在属性位置选中"隐藏"。

②在"我的电脑"或"资源管理器"窗口中,单击"工具"菜单,选择"文件夹选项",出现"文件夹选项"对话框,如图2.14所示。单击"查看"标签。如果不显示隐藏的文件和文件夹,则在"高级设置"列表框中选中"不显示隐藏的文件和文件夹"单选按钮。

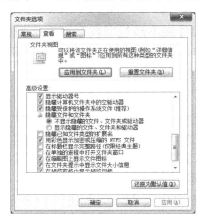

图2.14　文件夹选项对话框

（6）文件扩展名的显示和隐藏

Windows 7默认的是不显示已知文件类型的扩展名。如果要修改文件扩展名的显示和隐藏状态,在如图2.14所示的"文件夹选项"对话框中,"隐藏已知文件类型的扩展名"复选框,如果选中则可显示文件类型的扩展名,如果不选中则隐藏文件扩展名。

（7）文件或文件夹的查找

Windows 7操作系统中提供了查找文件和文件夹的多种方法,在不同的情况下可以使用不同的方法。

①使用"开始"菜单上的搜索框。

②使用文件夹或库中的搜索框。

注意:在查找文件或文件夹时,可以使用通配符"＊"和"?"。"＊"代表任意多个任意字符,"?"代表一个任意字符。

如"＊.DAT"表示所有扩展名为DAT的文件,"A?.＊"表示主文件名由两个字符组成,且文件名的第一个字符是"A"的文件。

2)目录

在Windows系统中,采用的是"树形"目录结构的文件系统来管理文件。在管理文件时,应该自上而下地归纳出计算机文件的基础分类,归纳整理时可以更加扁平化,尽量不要文件夹层层套文件夹,一般2层就够了,最多不要超过3层,以提高寻找文件的效率。

3)库

在Windows 7系统中新增一个库概念,库有点像大型的文件夹,不过与文件夹又有一点区别,它的功能相对强大些。

在文件夹中保存的文件或者子文件夹,都是存储在同一个地方的。而在库中存储的文件则可以来自不同的地方。

"库"是一个有些虚拟的概念,把文件(夹)收纳到库中并不是将文件真正复制到"库"这个位置,而是在"库"这个功能中"登记"了那些文件(夹)的位置来由Windows管理而已,因此,收纳到库中的内容除了它们自占用的磁盘空间之外,几乎不会再额外占用磁盘空间,并且删除库及其内容时,也并不会影响那些真实的文件。

在实际学习生活和工作中,可以把经常用到的文档资料、图片、视频等添加到库中,如图2.15所示。

图2.15　库

2.2.2　设置工作环境

1)桌面显示

启动Windows 7后,屏幕显示如图2.16所示的桌面,即Windows用户与计算机交互的工作窗口。桌面有自己的背景图案,由任务栏和图标组成。

图 2.16　Windows 7 桌面

桌面背景是指 Windows 桌面的背景图案,又称桌布或墙纸。

任务栏是位于桌面底部的条状区域,它包含"开始"按钮、所有已打开程序的窗口按钮和通知区域等几部分组成,如图 2.17 所示。

"开始"按钮　　　　窗口按钮栏　　　　　　　　　　　　　　语言栏　　　通知区域　　显示桌面

图 2.17　任务栏

在任务栏空白位置单击鼠标右键,在弹出的快捷菜单中选择最后一项"属性",在弹出的对话框中可以进行任务栏外观、位置、按钮等属性的修改。

图标由具有明确指代含义的计算机图形和相关的说明文字组成。在 Windows 7 中,所有的文件、文件夹和应用程序都用图标来形象地表示,双击这些图标即可快速地打开文件、文件夹或者应用程序。桌面的图标中,回收站是一个不可缺少的图标。

2)桌面美化

(1)将"计算机"图标添加到桌面

进入刚装好的 Windows 7 操作系统时,桌面上只有"回收站"一个图标。"计算机"和"网络"等系统图标被放在了"开始"菜单中,用户可以根据需要通过手动方式将其添加到桌面上。将"计算机"图标添加到桌面的操作步骤如下:

①在桌面空白处右击,从弹出的快捷菜单中选择"个性化"命令,即可打开"个性化"窗口,如图 2.18 所示。

②窗口的左边窗格中选择"更改桌面图标"选项,弹出"桌面图标设置"对话框,如图 2.19 所示。

③用户可以根据自己的需要在"桌面图标"选项区域中选择需要添加到桌面上显示的系统图标,依次单击"应用"和"确定"按钮。

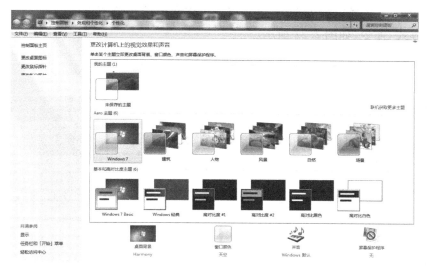

图 2.18 "个性化"窗口

图 2.19 桌面图标设置

（2）排列桌面图标

用户可以根据需求对桌面的图标进行排序，操作步骤为：在桌面空白处右击，在弹出的快捷菜单中，选择"排序方式"级联菜单中的命令，如图 2.20 所示，一共有 4 种图标排序方式：名称、大小、项目类型、修改日期。

图 2.20 图标排序方式

（3）添加应用程序的桌面快捷方式

用户可以将常用的应用程序的快捷方式放置在桌面上形成桌面图标。下面以添加"画图"小程序图标到桌面为例进行说明，具体操作步骤如下：

①单击"开始"，选择"所有程序"，选择"附件"命令，弹出程序组列表，如图 2.21 所示。

②附件列表中选择"画图"选项，然后右击，在弹出的快捷菜单中选择"发送到"，单击"桌面快捷方式"命令，如图2.22所示。

图2.21 "附件"程序组

图2.22 "桌面快捷方式"命令

（4）设置个性化桌面背景

Windows 7系统提供了很多个性化的桌面背景，用户可以根据自己的爱好来设置桌面背景，操作步骤如下：

①右击桌面空白处，在弹出的快捷菜单中选择"个性化"命令，打开"个性化"设置窗口，单击底部的"桌面背景"超链接，如图2.23所示。

图2.23 "个性化"窗口

②进入"桌面背景"窗口，默认的图片位置是"Windows 桌面背景"，其中提供了众多新颖美观的壁纸，选中喜爱的壁纸上方的复选框，如图 2.24 所示。

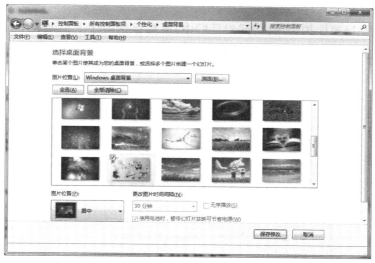

图 2.24　更改桌面背景

③如果选中了多张背景，可以在"更改图片时间间隔"下拉列表框中选择桌面变换的频率，设置完毕后单击"保存修改"按钮保存设置。

用户还可以单击"浏览"按钮，设置计算机硬盘中的图片作为桌面背景。

（5）设置显示器的分辨率、颜色

显示分辨率是指显示器上显示的像素数量，分辨率越高，显示的像素就越多，屏幕区域越大，可以显示的内容就越多，反之则越少。显示颜色是指显示器可以显示的颜色数量，颜色数量越高，显示的图像就越逼真；颜色越少，显示的图像色彩就越粗糙。

设置显示器分辨率的步骤如下：

①右击桌面上空白处，在弹出的快捷菜单中选择"屏幕分辨率"命令。

②在"屏幕分辨率"窗口中的"分辨率"下拉列表框中可以调整屏幕分辨率，调整结束后，单击"确定"按钮，如图 2.25 所示。

（6）设置 Windows 7 的屏幕保护程序

屏幕保护程序是指在开机状态下在一段时间内没有使用鼠标和键盘操作时，屏幕上出现的动画或者图案。屏幕保护程序可以起到保护信息安全、延长显示器寿命等作用。

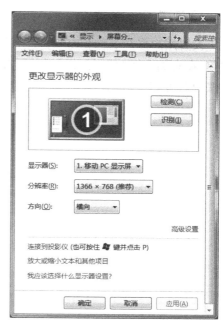

图 2.25　屏幕分辨率窗口

设置屏幕保护程序的步骤如下：

①右击桌面空白处，在弹出的快捷菜单中选择"个性化"命令，打开"个性化"窗口，单击窗口底部的"屏幕保护程序"超链接。

②在弹出的"屏幕保护程序设置"对话框中，屏幕保护程序下拉列表中选择一种屏保形式，在等待设置框中输入10分钟，如图2.26所示，最后单击"确定"按钮保存设置。

图2.26　屏幕保护程序设置窗口

3）设置用户账户

设置用户账户名称和密码，可以对电脑资料和隐私进行保护，设置方法为：单击"开始"菜单，在右侧选择"控制面板"，打开控制面板窗口，如图2.27所示。控制面板窗口单击"用户账户"，在打开的用户账户窗口可以进行账户名称、图片、密码等的修改，如图2.28所示。

图2.27　控制面板

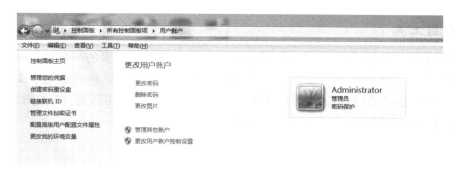

图 2.28　用户账户

如设置了密码,每次登录 windows,会停在输入界面,可看到自己账户的名称,且上方还会显示自己头像图片。

2.2.3　附件小程序

Windows 7 操作系统在"开始"菜单的"附件"中为用户提供了许多实用的应用程序,包括画图、计算器、记事本、截图工具、录音机、写字板和系统工具等。下面介绍几个常用的应用程序。

1)画图

"画图"程序是 Windows 7 中的一个图形处理应用程序,它除了有很强的图形生成和编辑功能外,还具有一定的文字处理能力。用户可以使用它绘制黑白或彩色的图形,可以将这些图形存为位图文件(.bmp 文件),也可以打印图形。

在"画图"程序的窗口中(图 2.29),有包含各种工具的"工具箱",还有颜料盒。用户可以利用绘图工具和颜料,在工作区中绘制图形。

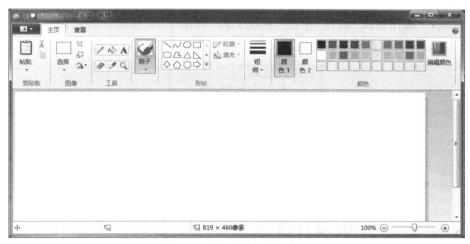

图 2.29　"画图"程序的窗口

2）截图工具

截图工具可以捕获桌面上任何对象的屏幕快照,如图片或网页的一部分。截图工具如图 2.30 所示,可以截取整个窗口、屏幕上的矩形区域,或者使用鼠标或触笔手工绘制轮廓(如果使用配有触摸屏的电脑,也可使用手指进行绘制)。然后,可以使用"截图工具"窗口中的按钮对图像进行批注、保存或共享该图像。

图 2.30　截图工具

3）录音机

"录音机"是 Windows 2003 提供的具有语音录制功能的工具,用户可以用它收录自己的声音,并以声音文件格式保存到磁盘上,如图 2.31 所示。

利用录音机程序录制声音文件时,需要有声卡和麦克风配合完成,声音文件扩展名为.wav。录音机不仅可用来录音,还可以对声音文件进行编辑,如在声音文件中可以插入另一个声音文件,将多个声音文件进行混音、删除部分声音以及添加回声。

图 2.31　录音机程序

4）系统工具

Windows 7 操作系统"附件"中的"系统工具"如图 2.32 所示。所包含的工具主要有:Windows 轻松传送、磁盘清理和磁盘碎片整理程序等,能够实现对系统的优化和管理。

图 2.32　系统工具

（1）磁盘清理

计算机使用一段时间后,由于系统对磁盘进行大量的读写以及安装操作,使得磁盘上残留许多临时文件或已经没用的应用程序。这些残留文件和程序不但占用磁盘空间,而且会影响系统的整体性能,因此需要定期进行磁盘清理工作,清除没用的临时文件和残留的应用程序,以便释放磁盘空间,同时也使文件系统得到巩固。

清理磁盘的操作步骤如下:在"系统工具"中单击"磁盘清理",在打开的对话框中选择要清理的驱动器后单击"确定"按钮,程序会自动对磁盘进行扫描,扫描结束后根据提示选择需要删除的残留信息项目(默认选中),最后单击"确定"按钮即可,如图2.33所示。

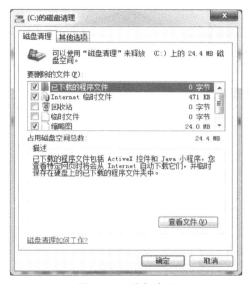

图2.33 磁盘清理

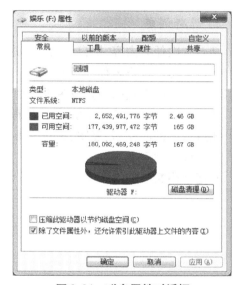

图2.34 磁盘属性对话框

进行磁盘清理还可以通过另外一种操作方法:在资源管理器窗口中选定要进行磁盘检查的驱动器图标,右击选择"属性",弹出属性对话框(图2.34)。在"常规"功能区下单击"磁盘清理"按钮。在"磁盘清理"对话框中选择要清理的选项,单击"确定"。

（2）磁盘碎片整理

经过一段时间后,计算机的整体性能会有所下降,主要是由于对磁盘多次进行读写操作后,磁盘上碎片文件或文件夹过多。基于这个原因,需要定期对磁盘碎片进行整理。磁盘碎片整理程序是重新排列卷上的数据并重新合并碎片数据的工具,它有助于计算机更高效地运行。

磁盘碎片整理的步骤如下:在磁盘属性对话框中,选择"工具"功能区,打开"磁盘碎片整理程序",单击"配置计划"按钮,然后执行相关操作。

在Windows 7中,磁盘碎片整理程序可以按计划自动运行,但是,仍然可以手动运行该程序或更改该程序使用的计划。

在进行磁盘碎片整理之前,可以通过碎片整理程序中的分析功能得到磁盘空间使用情况的信息,信息中显示了磁盘上有多少碎片文件和文件夹,根据这些信息来决定是否需要对磁盘进行整理。

2.2.4 思考与创新训练

1）思考

①举例有哪些操作系统？分别有什么优缺点？
②发挥你的想象，描述一下未来操作系统。

2）创新训练

结合本次任务内容，把自己的电脑进行整理和美化：
①设置用户账户名称、密码。
②选择自己喜欢的一张或多张图片设置为桌面背景。
③等待 30 min 之后启动屏幕保护程序。
④进行文件的移动、复制、删除等操作。
⑤文件整理归类。
⑥把常用文件加入库中。

单元 3　办公自动化技术

办公自动化技术是人们日常学习、办公不可或缺的技术,掌握办公自动化技术可以提高人们的办公效率。通过本单元的学习,可以掌握 Office 2010 常用办公组件 Word 2010、Excel 2010、PowerPoint 2010 的基本操作和使用技巧,多媒体技术基础知识和多媒体信息处理软件基本操作和使用技巧。

任务 1　文字信息处理软件 Word 2010 认知

↓ 引导案例

某出版社的编辑部在学院校园网上发布了一则关于"编辑"的招聘信息。要求:(1)具备 Word 的基本操作与编辑能力;(2)具备 Word 中各种对象的处理及图文混排能力;(3)具备 Word 中表格的设计与编辑能力;(4)具备规范编辑长文档能力;(5)批量制作样式文件,如高校录取通知书、邀请函、名片、工作牌等。

刚上大一的小文看到这则招聘信息,发现自己完全不知道 Word 有这么多实用功能,马上找老师了解,在老师的建议下决定认真学习 Word 2010,为将来达到就业岗位基本要求多做准备。

> **想一想**:Word 2010 有哪些基本功能? 你已经掌握了哪些?

↓ 任务目标

通过本任务的学习应掌握以下内容:

- Word 基本操作与编辑:边框和底纹的设置、符号、日期与时间的插入等;
- Word 的图文混排:图片格式、首字下沉、分栏、水印、页面颜色的设置等;
- Word 排版技术:段落、样式、页眉页脚的设置等;

- Word 表格：行与列的添加与删除、单元格的合并、公式的应用等；
- Word 的邮件合并。

3.1.1 Word 的基本编辑

Word 的基本编辑包括以下知识点：
- Word 的创建及文本信息的录入；
- 文档中字体、字号、颜色的设置；
- 段落、边框和底纹的设置；
- 符号、日期和时间的插入。

通过编辑实现如图 3.1 所示样文来学习相关知识点。

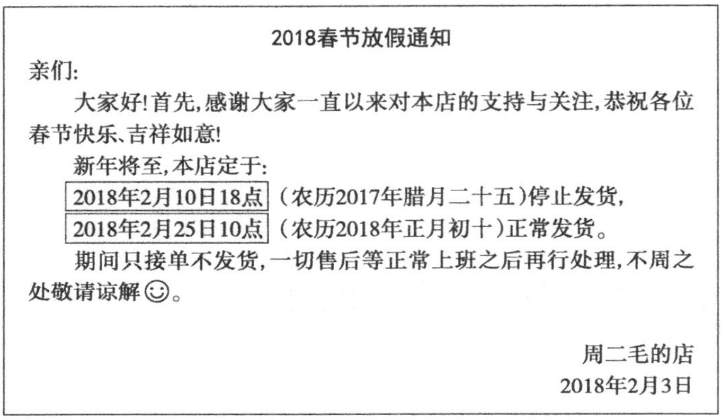

> **2018春节放假通知**
>
> 亲们：
>   大家好！首先，感谢大家一直以来对本店的支持与关注，恭祝各位春节快乐、吉祥如意！
>   新年将至，本店定于：
> 2018年2月10日18点 （农历2017年腊月二十五）停止发货，
> 2018年2月25日10点 （农历2018年正月初十）正常发货。
>   期间只接单不发货，一切售后等正常上班之后再行处理，不周之处敬请谅解☺。
>
>   周二毛的店
>   2018年2月3日

图 3.1　通知样文

1）创建 Word 文档并输入文本信息

（1）启动 Word

方法 1：单击"开始"菜单，依次单击"所有程序"中的"Microsoft Office"中的"Microsoft Word 2010"菜单命令。

方法 2：双击桌面上的 Microsoft Word 2010 程序快捷方式图标。

方法 3：双击某个已创建的 Microsoft Word 2010 文档的图标。

（2）创建新文档

方法 1：启动 Word 2010 时，自动创建一个名为"文档 1"的空白文档。

方法 2：执行"文件/新建"，选择"空白文档"或从"可用模板"列表中选择一种合适的模板，单击右下方的新建按钮。

方法 3：使用"Ctrl+N"组合键创建空白文档。

（3）输入文本内容

录入图 3.1 的原始文本信息，用回车键换行即可实现分段设置。

2）文档的编辑

（1）文档的段落编辑

选中标题"2018 春节放假通知"，单击"开始"功能区"字体"组中的 **B** 按钮完成图 3.1 中的标题格式设置。

选中正文（"大家好"到"敬请谅解"），单击"开始"功能区"段落"组中的 按钮，在打开的"段落"对话框中实现图 3.1 中的正文格式设置，如图 3.2 所示。选中落款和日期，单击"开始"功能区"段落"组中的 按钮，实现图 3.1 中的落款和日期格式设置。

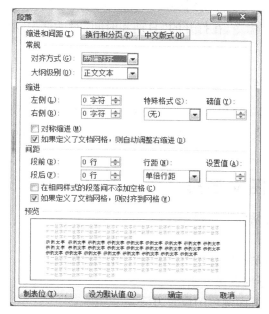

图 3.2　文档的段落设置

（2）文本的边框和底纹设置

选定正文中的两个时间文本，在"段落"组的"边框和底纹"中进行设置即可实现，如图 3.3 所示。

图 3.3　文本的边框和底纹设置

3）插入符号

方法1：全拼法录入符号可以解决很多符号的输入问题，键盘键入：xiaolian，选择"☺"即可。

方法2：通过单击"插入"功能区"符号"组中的"符号"下拉按钮中"其他符号"，在"字体"下拉选项中选择"Wingdings"中的"☺"即可。

4）插入日期和时间

通知中的日期可将插入点移动到要插入日期和时间的位置处；执行"插入"功能区"文本"组中的"日期和时间"命令，在打开的"日期和时间"对话框中，单击"可用格式"中的年月日格式即可实现。

5）文档的保存与关闭

单击"文件"功能区下的"保存"命令，在弹出的"另存为"对话框中选择保存到 D 盘，文件名中为"3.1.1 通知样文.docx"，文件类型选择 Word 文档（＊.docx），关闭文档。

3.1.2　Word 的图文混排

Word 的图文混排包括以下知识点：

- 字体的高级设置；
- 文本框、图片、剪贴画的插入方法及图片格式的设置方法；
- 段落编号、分栏等的设置方法；
- 首字下沉、水印、页面颜色的设置方法。

通过编辑实现如图 3.4 所示样文来学习相关知识点。

中国四大火炉之首——重庆

中国四大火炉，指的是中国四大高温城市。"火炉"是对超高温城市的一个称呼，以往中国四大火炉城市有武汉、南昌、南京和重庆。

随着时间的推移、数据的变化，火炉城市有了新的排名，新"四大火炉"分别是重庆、福州、杭州、南昌。无论哪个版本的"四大火炉"，重庆似乎不仅是"榜上有名"，而且新的排名位居榜首。

为此，重庆网友出了很多段子，比如：

1. 夏天即到，巴渝将上演一部重口味写实电影《全城热死》。

2. 主城气温高达 42.7 ℃，电风扇都成电吹风了！

3. 买了一床凉席，睡着睡着成了电热毯。

4. 在家是清蒸，出门是烧烤，到室外游泳馆是水煮，回来的路上被生煎。

更有网友向全国人民"挑衅"：晒房晒车不是本事，有本事来重庆晒太阳！

重庆夏天虽热，但没有段子手们说得那么可怕，重庆依旧是美丽而可爱的。这里有四季常见的绿叶红花、有青春永驻的美女、有鲜辣爽口的火锅、有耿直爽快的人们、有横穿民房的轻轨，更有网红景点"洪崖洞"……，山城的美好等你来感受！

图：四大火炉城市

图 3.4　图文混排样文

首先,准备图中的相应素材:文本、图片,然后创建 Word 文档,整理好文本内容,按照以下操作来逐一实现。

1)插入图片

将图片"四大火炉城市"插入整理好的文本中。

方法:单击"插入"功能区"插图"组中的"图片",在打开的"插入图片"对话框中选择"四大火炉城市"。在 Word 文档中插入的图片可以是外部图片,也可以是 Word 文档自带的剪贴画,本文插图为外部图片。

2)设置图片格式

(1)调整图片大小

方法 1:单击图片,拖动斜拉箭头实现图片大小的调整。

方法 2:单击图片,选择"图片工具-格式"功能区中的"大小"组,输入图片的高度和宽度实现图片大小的调整。

(2)调整图片环绕方式

单击图片,选择"图片工具-格式"功能区中的"排列"组中的"自动换行"命令,在下拉菜单中选择"四周型环绕"可实现如图 3.5 所示的图片环绕效果。

(3)图片柔化或添加边框

选择"图片工具-格式"功能区中的"图片样式"组中预设的如图 3.4 所示的图片样式,实现原始图片添加边框、柔化处理效果的转化,转化过程如图 3.5 所示。

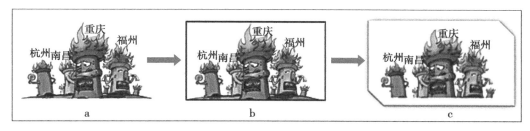

图 3.5　图片添加边框、柔化处理效果

3)插入文本框

单击"插入"功能区"文本"组中的"文本框",在下拉菜单中选择"绘制文本框",在绘制的文本框中输入"图:四大火炉城市"来实现图 3.4 中的图片名称标注。

4)文字格式的高级设置

选中标题中的"重庆"二字,单击"开始"功能区"字体"组中的▫按钮,在打开的"字体"对话框"高级"功能区中设置"缩放 120%、间距加宽 1 磅",如图 3.6 所示。

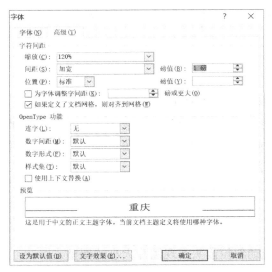

图 3.6　文字的加宽、间距处理

5）首字下沉

单击"插入"功能区"文本"组中的"首字下沉"命令,在下拉菜单中选择"首字下沉选项",在打开的"首字下沉"对话框中,选择"下沉"功能区,输入"下沉行数:2""距正文:0 厘米",实现图 3.4 中第二段首字"随"占正文两行的设置,如图 3.7 所示。

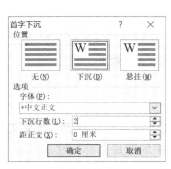

图 3.7　文字的首字下沉设置

图 3.8　项目编号设置

6）添加项目编号

单击"开始"功能区"段落"组中的"编号",实现图 3.4 中第 4—7 段中的编号(1.、2.、3.、4.)设置,如图 3.8 所示。

7）分栏

单击"页面布局"功能区"页面设置"组"分栏"命令,在下拉菜单中选择"更多分栏",在打开的"分栏"对话框中选择"两栏""分割线""栏宽相等"实现图3.4中最后一段文字的分栏效果,如图3.9所示。若两栏不等高,可将光标定位在分栏文字的末尾处,单击"页面布局"功能区"页面设置"组"分隔符"命令,在下拉菜单中选择"分节符/连续"实现分栏的等高。

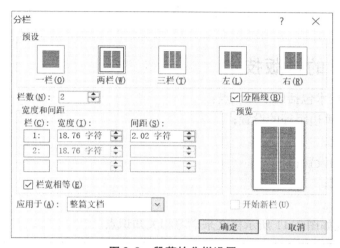

图3.9　段落的分栏设置

8）添加水印

单击"页面布局"功能区"页面背景"组"水印"命令,在下拉菜单中选择"自定义水印",在打开的"水印"对话框中选择"文字水印",设置"中国四大火炉之首——重庆"宋体:宋体、字号:40、颜色:红色、勾选半透明、版式:斜式,如图3.10所示。

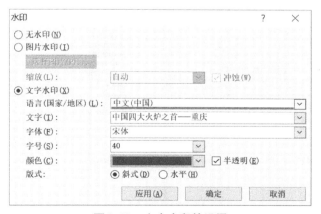

图3.10　文字水印的设置

9）设置页面颜色

单击"页面布局"功能区"页面背景"组"页面颜色"命令,在"主题颜色"中置选择"水绿色,强调字颜色5,淡色80%"设置页面颜色。

10）文档的保存与关闭

单击"文件"功能区下的"保存"命令,在弹出的"另存为"对话框中选择保存到 D 盘,文件名中为"3.1.2 图文混排样文.docx",文件类型选择 Word 文档(* . docx),关闭文档。

3.1.3　Word 的排版技术

Word 的排版技术包括以下知识点:

- 纸张大小、页边距等的设置;
- 样式的设置;
- 页眉页码的设置;
- 目录的生成;
- 封面的插入。

通过编辑实现如图 3.11 所示样文来学习相关知识点。

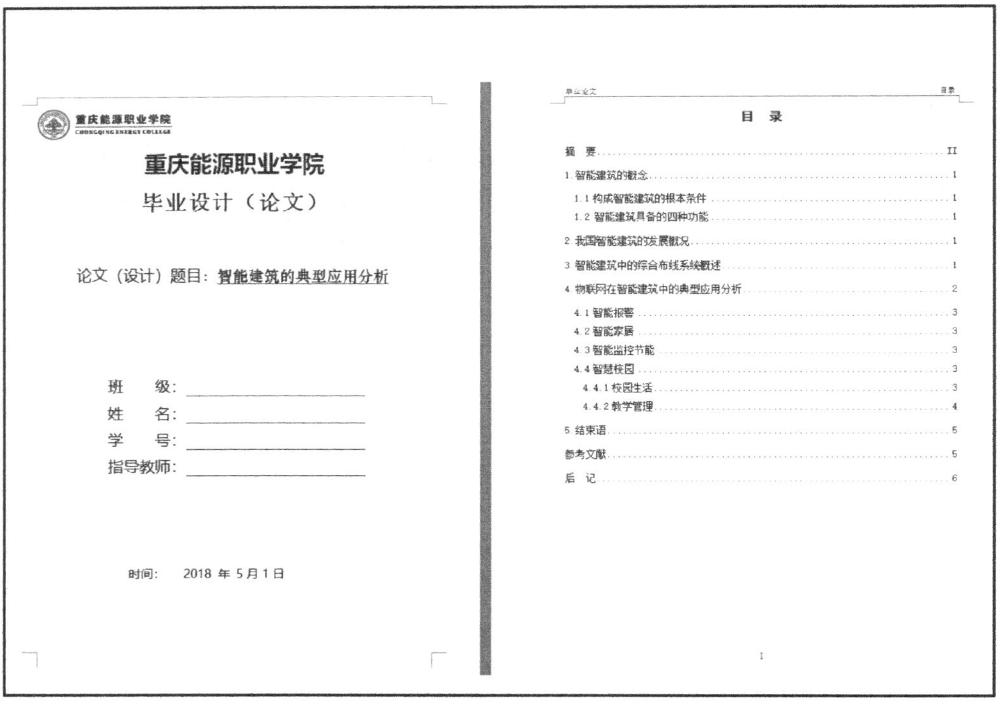

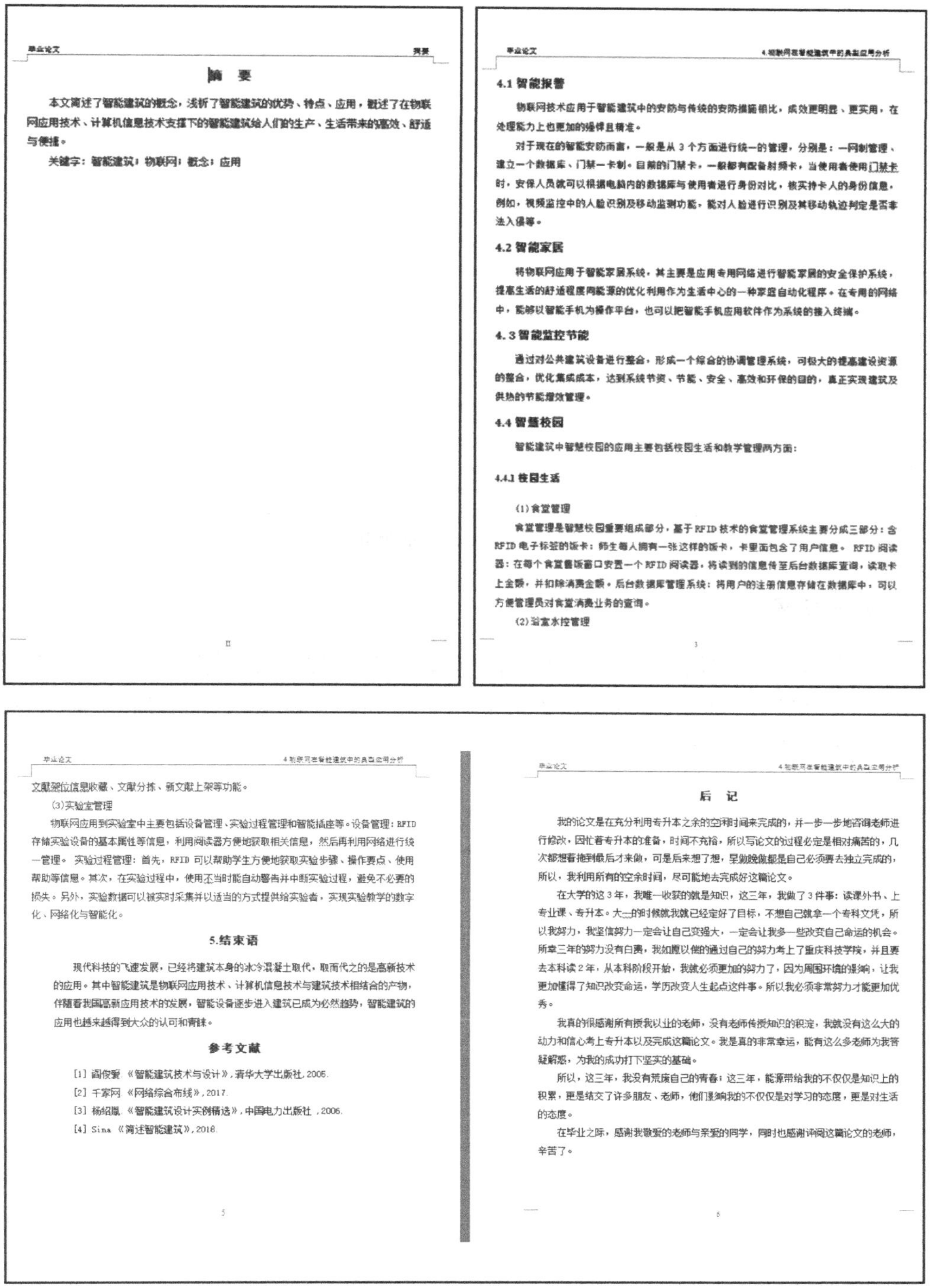

毕业论文   摘要

摘 要

本文简述了智能建筑的概念，浅析了智能建筑的优势、特点、应用，概述了在物联网应用技术、计算机信息技术支撑下的智能建筑给人们的生产、生活带来的高效、舒适与便捷。

关键字：智能建筑；物联网；概念；应用

毕业论文   4.物联网及智能建筑中的典型应用分析

4.1 智能报警

物联网技术应用于智能建筑中的安防与传统的安防措施相比，成效更明显、更实用，在处理能力上也更加的便捷且精准。

对于现在的智能安防而言，一般是从3个方面进行统一的管理，分别是：一网制管理、建立一个数据库、门禁一卡制。目前的门禁卡，一般都有配备射频卡，当使用者使用门禁卡时，安保人员就可以根据电脑内的数据与使用者的身份对比，核实持卡人的身份信息，例如，视频监控中的人脸识别及移动监测功能，就对人脸进行识别及其移动轨迹判定是否非法进入偷窃等。

4.2 智能家居

将物联网应用于智能家居系统，其主要是应用专用网络进行智能家居的安全保护系统，提高生活的舒适程度同能源的优化利用作为生活中心的一种家庭自动化程序。在专用的网络中，能够以智能手机为操作平台，也可以把智能手机应用软件作为系统的接入终端。

4.3 智能监控节能

通过对公共建筑设备进行整合，形成一个综合的协调管理系统，可极大的提基建设资源的整合，优化集成成本，达到系统节资、节能、安全、高效和环保的目的，真正实现建筑及供热的节能增效管理。

4.4 智慧校园

智能建筑中智慧校园的应用主要包括校园生活和教学管理两方面：

4.4.1 校园生活

(1)食堂管理

食堂管理是智慧校园重要组成部分，基于RFID技术的食堂管理系统主要分成三部分：含RFID电子标签的饭卡：师生每人拥有一张这样的饭卡，卡里面包含了用户信息。RFID阅读器：在每个食堂售饭窗口安置一个RFID阅读器，将读到的信息传到后台数据库当中，读取卡上金额，并扣除消费金额。后台数据库管理系统：将用户的注册信息存储在数据库中，可以方便管理员对食堂消费业务的查询。

(2)浴室水控管理

毕业论文   4.物联网及智能建筑中的典型应用分析

文献架位信息收藏、文献分拣、领文配上架等功能。

(3)实验室管理

物联网应用到实验室中主要包括设备管理、实验过程管理和智能插座等。设备管理：RFID存储实验设备的基本属性信息，利用阅读器方便地获取相关信息，然后再利用网络进行统一管理。实验过程管理：首先，RFID可以帮助学生方便地获取实验步骤、操作信息、使用帮助等信息。其次，在实验过程中，使用它可以智能警告并中断实验过程，避免不必要的损失。另外，实验数据可以被实时采集并以适当的方式提供给实验者，实现实验教学的数字化、网络化与智能化。

5.结束语

现代科技的飞速发展，已经将建筑本身的冰冷混凝土取代，取而代之的是高新技术的应用。其中智能建筑是物联网应用技术、计算机信息技术与建筑技术相结合的产物，伴随着我国高新应用技术的发展，智能设备逐步进入建筑已成为必然趋势，智能建筑的应用也越来越得到大众的认可和青睐。

参考文献

[1] 阎俊爱《智能建筑技术与设计》，青华大学出版社，2005.

[2] 千家网《网络综合布线》，2017.

[3] 杨绍胤，《智能建筑设计实例精选》，中国电力出版社，2006.

[4] Sina《简述智能建筑》，2018.

毕业论文   4.物联网及智能建筑中的典型应用分析

后 记

我的论文是在充分利用专升本之余的空闲时间来完成的，并一步一步地咨询老师进行修改，因忙着专升本的准备，时间不充裕，所以与论文的过程必定是相对痛苦的，几次都想着拖到临头才来做，可是后来想了想，早晚做晚都是自己必须要去独立完成的，所以，我利用所有的空余时间，尽可能地来完成这篇论文。

在大学的这3年，我唯一收获的就是知识，这三年，我做了3件事：读课外书、上专业课、专升本。大一的时候我就已经定好了目标，不想自己像一个专科文凭，所以我努力，我坚信努力一定会让自己变强大，一定会让我多一些改变自己命运的机会。所以这三年的努力没有白费，我如愿以偿通过自己的努力考上了重庆科技学院，并且要去本科读2年，从本科阶段开始，我就必须更加的努力了，因为周围环境的逼迫，让我更加懂得了知识改变命运，学历改变人生起点这件事。所以我必须非常努力才能更加优秀。

我真的很感谢所有授我以业的老师，没有老师传授知识的殷勤，我就没有这么大的动力和信心考上专升本以及完成这篇论文。我是真的非常幸运，能有这么多老师为我答疑解惑，为我的成功打下坚实的基础。

所以，这三年，我没有荒废自己的青春；这三年，能赠带给我的不仅仅是知识上的积累，更是结交了许多朋友，老师，他们见证着我的不仅仅是对学习的态度，更是对生活的态度。

在毕业之际，感谢我敬爱的老师与亲爱的同学，同时也感谢评阅这篇论文的老师，辛苦了。

图 3.11   论文排版样文（节选）

打开待排版的文档,按照如图 3.12 所示的排版要求对文档进行排版。

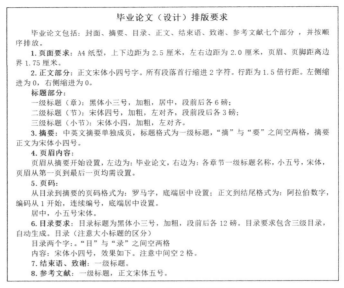

毕业论文(设计)排版要求

毕业论文包括:封面、摘要、目录、正文、结束语、致谢、参考文献七个部分,并按顺序排放。

1.页面要求:A4 纸型,上下边距为 2.5 厘米,左右边距为 2.0 厘米,页眉、页脚距离边界 1.75 厘米。

2.正文部分:正文宋体小四号字。所有段落首行缩进 2 字符。行距为 1.5 倍行距。左侧缩进为 0,右侧缩为 0。

标题部分:

一级标题(章):黑体小三号,加粗,居中,段前后各6磅;

二级标题(节):宋体四号,加粗,左对齐,段前段后各3磅;

三级标题(小节):宋体小四,加粗,左对齐。

3.摘要:中英文摘要单独成页,标题格式为一级标题,"摘"与"要"之间空两格,摘要正文为宋体小四号。

4.页眉内容:

页眉从摘要开始设置,左边为:毕业论文,右边为:各章节一级标题名称,小五号,宋体,页眉从第一页到最后一页均需设置。

5.页码:

从目录到摘要的页码格式为:罗马字,底端居中设置;正文到结尾格式为:阿拉伯数字,编码从1开始,连续编号,底端居中设置。

居中,小五号宋体。

6.目录要求:目录标题为黑体小三号,加粗,段前后各12磅。目录要求包含三级目录,自动生成。目录(注意大小标题的区分)

目录两个字为:。"目"与"录"之间空两格。

内容:宋体小四号,效果如下。注意中间空2格。

7.结束语、致谢:一级标题。

8.参考文献:一级标题,正文宋体五号。

图 3.12 论文排版要求

1)页面设置

单击"页面布局"功能区"页面设置"组 按钮,在打开的"页面设置"对话框中依次设置页边距:上下边距 2.5 厘米,左右边距 2.0 厘米;纸张:A4 纸型;在版式中设置页眉页脚边距 1.75 厘米,如图 3.13 所示。

图 3.13 页边距、纸张、页眉页脚边距设置

2）设置字体、段落

（1）字体、字号的设置

单击"开始"功能区"字体"组中的"字体"下拉按钮设置正文字体"宋体"，在"字号"下拉按钮设置正文字号"小四号"。

（2）段落格式设置

单击"开始"功能区"字体"组中的 按钮，在打开的"段落"对话框中依次设置段落首行缩进 2 字符、1.5 倍行距、左侧缩进为 0、右侧缩进为 0。

3）样式设置

单击"开始"功能区"样式"组中设置各级标题，以标题 1 的设置为例，右键单击"标题1"，在快捷菜单中选择"修改"命令，在打开的"修改样式"对话框中设置：黑体小三、加粗、居中，单击"格式"按钮选择"段落"，在打开的"段落"对话框中设置段前、段后各 6 磅。标题 1 的格式设置如图 3.14 所示。用同样的方法设置标题 2、标题 3。单击"视图"功能区"显示"组中的"导航窗格"命令，查看论文各级标题设置的完整性。

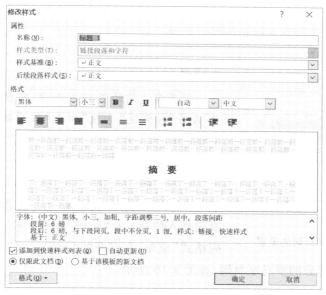

图 3.14　标题样式设置

4）设置页眉页码

（1）页眉设置

单击"插入"功能区"页眉和页脚"组中"页眉"命令，在下拉菜单中选择"空白（三栏）"型页眉，删除页眉中间"键入文字"，留下左右"键入文字"。在左侧页眉"键入文字"处输入"毕业论文"，右侧页眉"键入文字"处单击"插入"功能区"文本"组中"文档部件"命令，在下拉菜单中选择"域",在打开的"域"对话框"类别"中选择"链接和引用"中"StyleRef",在"域属性"菜单"样式名"中选择"标题1",即可完成各章节一级标题的右侧页眉自动引用,如图3.15所示。

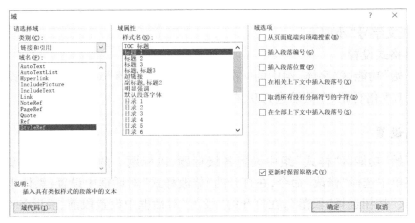

图3.15 右侧页眉"域"引用

（2）阿拉伯数字页码的设置

单击"插入"功能区"页眉和页脚"组"页码"命令,在下拉菜单中选择"页面底端""普通数字2"即可设置正文部分的阿拉伯数字页码。

图3.16 罗马字页码的设置

注意：

若两章之间的页码不连续,可执行"页眉和页脚工具-设计"功能区"导航"组中"取消链接到前一条页眉"命令来解决。

（3）罗马字页码的设置

单击"插入"功能区"页眉和页脚"组"页码"命令,在下拉菜单中选择"页面底端""普通数字2",即可设置页码插入位置。在"页码"命令下拉菜单中选择"设置页码格式"菜单,在打开的"页码格式"对话框中,将"编号格式"设置成摘要部分的罗马字页码,如图3.16所示。

5）引用目录

①在文档"摘要"之前插入分节符实现目录与摘要之间的分节,使目录单独成页。插入分节符的方法:单击"页面布局"功能区"页面设置"组中"分隔符"命令,在下拉菜单中选择"分节符/下一节"。

②在要生成目录的空白页单击"引用"功能区"目录"组中的"目录"命令,在下拉菜单中选择"自动目录1",如图3.17所示。

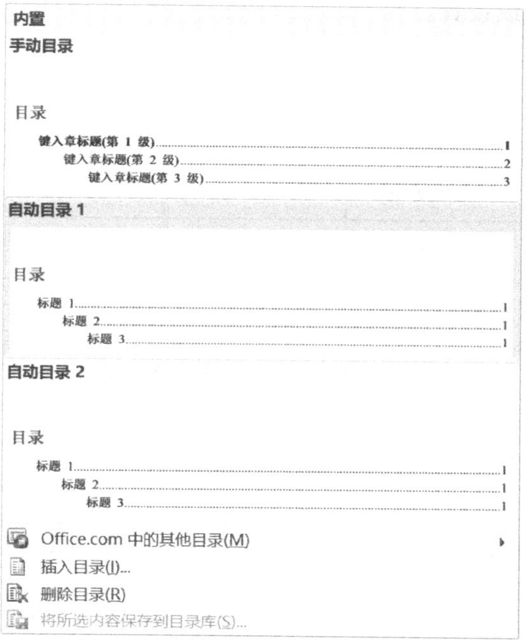

图 3.17 自动生成目录

6）插入封面

①插入已有封面模板方法：在文档"目录"之前插入分节符可实现目录与封面之间的分节、封面的单独成页。在当前空白页处，单击"插入"功能区"文本"组"对象"命令，在下拉菜单中选择"文件中的文字"菜单即可将封面模板导入论文首页。

②插入 Word 自带封面模板方法：单击"插入"功能区"页"组中的"封面"命令，在下拉的内置格式中选择任意格式封面即可将封面模板导入论文首页。

至此，一篇完整的毕业论文排版终稿完成。

7）文档的保存与关闭

单击"文件"功能区下的"保存"命令，在弹出的"另存为"对话框中选择保存到 D 盘，文件名中为"3.1.3 论文排版样文.docx"，文件类型选择 Word 文档（∗.docx），关闭文档。

3.1.4 Word 的表格制作

Word 的表格制作包括以下知识点：

- 创建表格；
- 单元格的合并、拆分；
- 表格行高、列宽设置；
- 表格中数据的计算、排序；

● 表格的边框和底纹设置。

通过编辑实现如图 3.18 所示样文来学习相关知识点。

居民燃气缴费通知单				
户主照片	抄表起度(m³)		账户余额(元)	
 	抄表止度(m³)		备款金额(元)	
	用气量(m³)		燃气单价(元/m³)	

图 3.18　燃气缴费通知单样文

1)自动创建简单表格

(1)新建文档

以"居民燃气缴费通知单. docx"为文件名,将其保存至 D 盘"Word 表格制作"文件夹中。

(2)制作表格

方法 1:单击"插入"功能区"表格"组"表格"按钮,在下拉菜单中选择"插入表格"命令,在打开的"插入表格"对话框中输入 5 列 4 行创建表格,如图 3.19 所示。

方法 2:单击"插入"功能区"表格"组"表格"按钮,在下拉菜单"插入表格"中用鼠标拖动选择表格的行数、列数创建表格。

方法 3:单击"插入"功能区"表格"组"表格"按钮,在下拉菜单中选择"绘制表格"。

图 3.19　插入表格

2)合并、拆分单元格

(1)单元格的合

方法 1:选中第 1 行第 1 列至第 5 列,单击"表格工具-布局"功能区"合并"组中"合并单元格"命令实现标题所在单元格的合并设置。同样,用此方法可完成第 3 行第 1 列和第 4 行第 1 列照片单元格的合并。

方法 2:选中要合并的单元格,右键单击在快捷菜单中选择"合并单元格"菜单。

（2）单元格的拆分

方法 1：选中要拆分的单元格，单击"表格工具-布局"功能区"合并"组中"拆分单元格"命令，在打开的"拆分单元格"对话框中设置拆分的行列数。

方法 2：选中要拆分的单元格，右键单击在快捷菜单中选择"拆分单元格"菜单，在打开的"拆分单元格"对话框中设置拆分的行列数。

3）表格中添加图片

单击合并后表格第 3 行第 1 列所在的单元格，单击"插入"功能区"插图"组中"图片"命令，找到图片所在的文件夹，单击选择即可实现户主照片的插入。

4）调整表格行高列宽、字体字号

①设置表格行高列宽，选中表格，单击"表格工具-布局"功能区"单元格大小"组□ 按钮，在打开的"表格属性"对话框中，选择"行"选项卡中"指定高度"：1.2 厘米；在打开的"表格属性"对话框中，选择"列"选项卡中"指定宽度"：3.0 厘米，如图 3.20 所示。

图 3.20　设置表格单元格的行高列宽

②设置表格文字，选中所有单元格，在"开始"功能区的"字体"组中设置字体：宋体，字号：10 号。

5）修饰表格

①设置表格框线，单击"表格工具-设计"功能区，在"表格样式"功能区中单击"边框"命令按钮，在下拉菜单中选择"边框和底纹"。在打开的"边框和底纹"对话框"边框"选项卡中设置样式：双实线，颜色：红色，宽度：0.75 磅，外侧边框。以同样的方法设置内侧框线，样式：单实线，颜色：绿色，宽度：0.5 磅，内侧框线，如图 3.21 所示。

图 3.21　设置表格边框

②设置表格底纹,步骤同上,在打开的"边框和底纹"对话框"底纹"选项卡中进行设置。

6)文档的保存与关闭

单击"文件"功能区下的"保存"命令,在弹出的"另存为"对话框中选择保存到 D 盘,文件名中为"3.1.4 燃气缴费通知单样文.docx",文件类型选择 Word 文档(＊.docx),关闭文档。

⬇知识补充

1)文本转化成表格

选定文本,单击"插入"功能区"表格"组中"表格"命令按钮,在下拉菜单中选择"文本转换为表格"命令,在打开的"将文字转换成表格"对话框中设置"列数:4""分隔字符位置:空格",单击"确定"按钮,完成文本到表格的转换,效果如图 3.22 所示。

专业 男生人数 女生人数 总人数 物联网应用技术　88 59 147 大数据技术与应用　92 45 137			

专业	男生人数	女生人数	总人数
物联网应用技术	88	59	147
大数据技术与应用	92	45	137

图 3.22　文本转换成表格效果图

2)制作表头

选定在表头所在的单元格,单击"插入"功能区"插图"组中"形状"命令按钮,在打开的命令框中选择"直线",按格式要求绘制斜线表头,效果如图 3.23 所示。

平均成绩 班级代码 科目	20172641	20172642	20172661	20172662
高等数学	85	78	83	86
大学英语	82	79	81	80
计算机应用基础	90	86	92	90

图 3.23　表头的制作

3) 插入、删除行或列

方法 1：单击表格右侧边框线外，按回车键，可实现在当前行下面插入一空白行。

方法 2：光标定位在表格最后一个单元格中，按 Tab 键追加一行。

方法 3：光标定位在第一列某一行的单元格中，单击"表格工具-布局"功能区下"行和列"组中"在下方插入"即可，如图 3.24 所示。用类似的方法插入列，删除行或列。

图 3.24　插入行

4) 表格的拆分与合并

若要拆分表格，先将插入点置于拆分后成为新表格的第一行的任意单元格中，单击"表格工具-布局"功能区"合并"组"拆分表格"命令，即可实现一张表格拆分成两张表格。

若要合并两张表格，只需删除两张表格之间的换行符即可。

5) 表格标题行的重复

当一张表格超过一页时，在第二页的续表中显示标题行，按以下步骤实现：

①选定第一页表格中的一行或多行标题行。

②单击"表格工具-布局"功能区"数据"组中的"标题行重复"命令。

6) 表格格式的设置

（1）自动套用表格格式

表格创建后，单击"表格工具-设计"功能区下"表格样式"组中内置的表格样式对表格进行排版。操作步骤如下：

①将插入点移到要排版的表格内。

②单击"表格工具-设计"，在表格样式列表中选定所需的表格样式。

（2）设置表格在页面中的位置

①将插入点移至表格任意单元格内。

②单击"表格工具-布局"功能区"表"组中"属性"命令,打开"表格属性"对话框,单击"表格"选项卡。

③在"对齐方式"组中,选择表格对齐方式;在"文字环绕"组中选择"无"或"环绕"。最后,单击"确认"按钮。

7) 表格内数据的排序和计算

（1）排序

下面以对如图3.25所示的"排序前学生考试成绩表"的排序为例介绍具体排序操作。排序要求是按数字成绩进行递减排序,当两名学生的数学成绩相同时,再按英语成绩递减排序。操作步骤如下:

①将插入点置于要排序前学生考试成绩表中。

姓　名	语文	数学	英语	总成绩
徐一番	90	85	88	
吴伶俐	78	96	79	
何媛媛	89	79	92	

图3.25　排序前学生考试成绩表

②单击"表格工具-布局"功能区中"数据"组的"排序"命令,打开如图3.26所示的"排序"对话框。

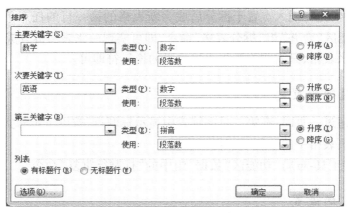

图3.26　"排序"对话框

③在"主要关键字"列表框中选定"数学"项,在其右的"类型"列表框中选定"数字",再单击"降序"单选框。

在"次要关键字"列表框中选定"英语"项,在其右的"类型"列表框中选定"数字",再单击"降序"单选框。

在"列表"选项组中,单击"有标题行"单选框。

单击"确定"按钮,可以得到如图 3.27 所示的排序结果。

姓名	语文	数学	英语	总成绩
吴伶俐	78	96	79	
徐一番	90	85	88	
何媛媛	89	79	92	

图 3.27　排序后的学生考试成绩表

（2）计算

Word 提供了对表格数据一些诸如求和,求平均值等常用的统计计算功能。利用这些计算功能可以对表格中的数据进行计算。

下面以如图 3.33 所示的学生考试成绩表为例,介绍计算学生考试总成绩的具体操作:

①将插入点移到存放平均成绩的单元格中。本例中放在第二行的最后一列。

②单击"表格工具-布局"功能区"数据"组中"公式"命令,打开"公式"对话框。

③在"公式"列表框中显示"＝SUM（LEFT）"。

④单击"确认"按钮,得计算结果如图 3.28 所示。

姓名	语文	数学	英语	总成绩
徐一番	90	85	88	263
吴伶俐	78	96	79	253
何媛媛	89	79	92	260

图 3.28　学生总成绩计算结果

3.1.5　Word 的邮件合并

Word 的邮件合并包括以下知识点:

- 主文档的创建要点;
- 邮件合并的 6 个步骤;
- 数据源的选择方法;
- 小数位数的设置方法。

通过编辑实现如图 3.29 所示样文来学习相关知识点。

1）创建主文档

以"居民燃气缴费通知单. docx"为文件名,将其保存至 D 盘"3.1.5 Word 邮件合并"文件夹中。

在空白文档中按照图 3.30 创建主文档。主文档是经过特殊标记的 Word 文档,它是用于创建输出文档的"蓝图",其中包含基本的文本内容,这些文本内容在所有输出文档中都是相同的,如信件的信头、主体以及落款等。

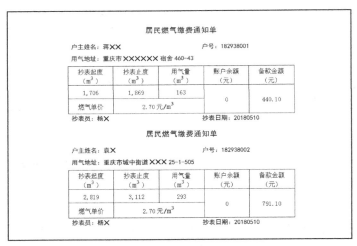

图3.29　居民燃气缴费通知单样文

居民燃气缴费通知单

户主姓名：　　　　　　　　　　　　户号：

用气地址：

抄表起度 （m³）	抄表止度 （m³）	用气量 （m³）	账户余额 （元）	备款金额 （元）
燃气单价	2.70 元/m³			

抄表员：　　　　　　　　　　　　抄表日期：

图3.30　创建主文档

2）邮件合并

利用"邮件合并分步向导"批量创建信函的操作，完成以下6个步骤：

（1）选取文档类型

在 Word 2010 的功能区中，单击"邮件"功能区"开始邮件合并"组"开始邮件合并"命令，在下拉菜单中选择"邮件合并分步向导"，选择文档类型"信函"。

（2）选择开始文档

单击"下一步：正在启用文档"超链接，选中"使用当前文档"单选按钮，以当前文档作为邮件合并的主文档。

（3）选取收件人

单击"下一步：选取收件人"超链接，选中"使用现有列表"单选按钮，单击"浏览"超链接。

①选取数据源：打开"选取数据源"对话框，选择保存客户资料的 Excel 工作表"邮件合并-数据表.xlsx"文件，然后单击"打开"按钮。

②选择工作表：打开"选择表格"对话框，选择"Sheet1"，单击"确定"按钮。

（4）撰写信函

①插入域：单击"邮件"功能区"编写和插入域"组中"插入合并域"命令，依次将相应域插入对应位置。插入完所需的域后，单击"关闭"按钮，关闭"插入合并域"对话框。文档中的相应位置就会出现已插入的域标记，如图 3.31 所示。

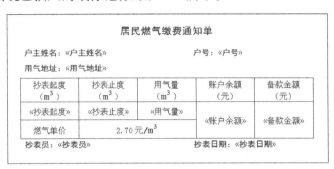

图 3.31　为缴费通知单插入域标记效果

②设置 2 位小数：选中图 3.31 中域"备款金额"，单击右键选择"切换域代码"，在显示的域代码后面添加"\\#"0.00""，如图 3.32 所示，再次选中备款金额"域代码"，单击右键选择"更新域"可实现备款金额保留 2 位小数。

图 3.32　备款金额保留 2 位小数的"域代码"设置

③同页显示多条记录：单击"邮件"功能区"编写和插入域"组中"规则"命令，在下拉菜单中选择"下一条记录"，再将图 3.31 复制粘贴，可实现一页纸生成多户缴费通知单。

（5）预览信函

在"邮件合并"任务窗格中，单击"下一步：预览信函"超链接。

（6）完成合并

预览并处理输出文档后，单击"下一步：完成合并"超链接，在"合并"选项区域中，用户可以根据实际需要选择单击"打印"或"编辑单个信函"超链接，进行合并工作。

打开"合并到新文档"对话框，在"合并记录"选项区域中，选中"全部"单选按钮，如图 3.33 所示，然后单击"确定"按钮。

图 3.33　合并到新文档

Word 会将数据源中存储的相应信息自动添加到缴费通知单正文中，并合并生成一个新文档,至此 30 户居民燃气缴费通知单一次性完成。

3)文档的保存与关闭

单击"文件"功能区下的"保存"命令,在弹出的"另存为"对话框中选择保存到 D 盘,文件名中为"3.1.5 居民燃气缴费通知单. docx",文件类型选择 Word 文档(* . docx),关闭文档。

3.1.6　思考与创新训练

1)思考

小鱼儿国庆放假回家,家人正在商量今年元旦爷爷八十大寿的操办事宜,需要小鱼儿全权负责 280 份嘉宾邀请函。
①设计该邀请函。
②用所学的最快方法完成 280 份邀请函的制作。

2)创新训练

应用 3.1.5 制作一份美观的个性化作品(如自己十年后的婚礼邀请函、荣誉证书、海报、名片、学生证件、毕业论文的完整排版、求学或求职简历等)。
格式要求:采用 Word 的形式展示,包括图片、表格、文字。
考核方式:每人独立完成,课堂展示及讲解 3 ~ 5 min。

任务 2　数据信息处理软件 Excel 2010 认知

✦引导案例

小文想利用暑假时间参加社会实践,老师推荐她去校企合作企业办公室工作。在面试时,人力资源处领导告知小文即将从事的工作需要利用 Excel 电子表格处理软件,要求小文具备:(1)Excel 的基本操作能力和编辑能力;(2)能够使用 Excel 制作各种表格;(3)能够使用 Excel 汇总数据并进行初级分析;(4)能够将数据分析结果用图表表示;(5)熟练使用数据透视表。

小文庆幸自己高中时自学过 Office 2010 办公软件,应聘成功后,决定利用休息时间认真学习 Excel 2010,希望能在社会实践中快速成长,胜任该工作岗位。

想一想:Excel 2010 有哪些基本功能? 你已经掌握了哪些?

✦ 任务目标

通过本任务的学习应掌握以下内容：

- 创建和保存工作表；
- 工作表的编辑与美化；
- 公式和函数以及单元格引用的方法；
- 工作表数据的统计与图表制作；
- 工作表数据的排序操作；
- 工作表数据的检索和高级筛选；
- 数据的分类汇总和合并计算。

3.2.1 工作表的编辑

Excel 工作表的编辑包含以下知识点：

- 表格中不同数据的输入与格式设置；
- Excel 数据自动填充；
- Excel 表格边框底纹设置；
- 单元格选择、复制、移动和删除。

通过制作实现如图 3.34 所示的表格来学习相关知识点。

员工编号	姓名	性别	出生日期	学历	参加工作时间	部门	职务	工资	联系电话
				员工档案表					制表日期：2018/9/7
003111	王中华	男	1983年7月5日	本科	2001-7-10	销售部	员工	¥6,000.00	68524789
003109	李小飞	女	1980年8月9日	本科	2003-3-2	财务部	员工	¥6,200.00	68524790
003107	吴康蕊	女	1979年12月25日	本科	2001-9-9	销售部	员工	¥5,980.00	68524791
003105	刘浩泽	男	1980年4月16日	本科	2002-7-7	人事部	员工	¥5,980.00	68524792
003112	钱亮	男	1980年8月8日	本科	2001-7-5	人事部	员工	¥5,960.00	68524793
003113	邓志东	男	1981年3月29日	硕士	2002-7-4	销售部	员工	¥6,600.00	68524794
003110	徐嘉胤	男	1982年7月16日	硕士	2002-7-4	研发部	员工	¥5,960.00	68524795
003104	黄子健	男	1978年6月1日	本科	2002-7-6	人事部	主管	¥6,600.00	68524796
003103	沈晨曦	女	1980年12月5日	本科	2002-7-5	研发部	主管	¥5,950.00	68524797
003101	刘东生	男	1982年12月12日	硕士	2003-7-20	销售部	员工	¥5,970.00	68524798
003102	徐前前	男	1980年3月4日	硕士	2002-7-4	销售部	副主管	¥5,940.00	68524799
003114	曹君君	女	1978年1月10日	博士	2000-7-15	研发部	副主管	¥5,960.00	68524800
003108	刘圣涵	女	1980年1月6日	硕士	2001-8-5	研发部	主管	¥5,970.00	68524801
003106	王钰杰	男	1980年7月6日	博士	2002-7-8	研发部	主管	¥6,300.00	68524802

图 3.34 "员工档案表"效果图

1) 工作表数据的快速输入

表中的数据有文本、数字、日期和时间等，在 Excel 中可以直接输入，也可以快速输入，以下介绍快速输入的技巧。

（1）输入文本

单元格中的文本包括任何字母、数字和键盘符号的组合,文本在单元格中默认向左对齐。如果输入的文本长度超过单元格宽度,若右边单元格无内容,则扩展到右边列,否则就会截断显示。

注意：

①如果要输入电话号码或邮政编码等特殊文本,只需要在数字前加上一个英文方式下的单引号"'"即可。

②如果要在同一单元格中显示多行文本,则单击"开始"功能区的"对齐方式"组中的 自动换行按钮即可。

③如果要在单元格中输入"硬回车",则按"Alt+Enter"组合键。

（2）输入数值

数值除了数字(0～9),还包括+、-、E、e、$ 、%、/以及小数点"."和千分位符号","等特殊字符。数值数据在单元格中默认向右对齐。

在 Excel 2010 中,输入的数字数据长度在 12 位以上时,会自动转变为科学记数格式。因此,对于员工编号、邮编、手机号、身份证等号码,在 Excel 2010 中直接输入则无法正确显示。当数据以 0 开头时则自动舍弃前面的 0。设置单元格格式为"文本"格式后输入。

选中单元格,单击右键,在快捷菜单中选择"设置单元格格式",在打开的"设置单元格格式"对话框中选择"数字"选项卡,在"分类"中选择"文本",然后再输入员工编号,如图 3.35 所示。

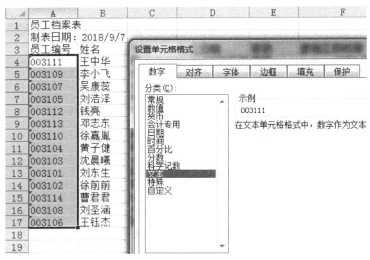

图 3.35　数字保存为文本格式设置

输入工资列的工资数据后,选中单元格区域,单击右键,在快捷菜单中选择"设置单元格格式",在打开的"设置单元格格式"对话框中选择"数字"选项卡,在"分类"中选择"货币",小数位数选择 2,货币符号选择"￥",则工资自动表示成货币形式,如图 3.36 所示。

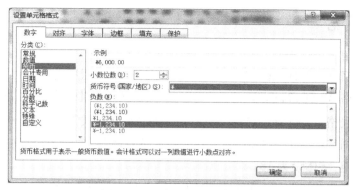

图 3.36 工资格式设置及效果

（3）输入日期和时间

日期和时间也是数字，但它们有特定的格式。在输入日期时用斜线"/"或短线"-"分隔日期的年、月、日。例如，可以输入"2018/01/26"或"2018-03-26"，如果要输入当前的日期，按组合键"Ctrl+（分号）"即可。日期和时间在单元格中默认向右对齐。

输入完成后，如果要设置成其他日期格式，可以在"设置单元格格式"对话框中选择"数字"选项卡，在"分类"中选择"日期"，类型里选择相应的日期格式。

（4）自动填充

在 Excel 表中，有时日期是连续的，学历、部门、职务的数据都是有规律的，那么，可以在输入时使用自动填充。因为学历都是本科、硕士、博士，使用自动填充，先选定单元格，拖动该单元格右下方的填充句柄，即将光标移至该单元右下角，至光标变成十字形状"+"。按住鼠标左键不放，向下（向右）拖动。

联系电话列表的数据是递增的，只要输入第一个数据，然后重复上述操作，并在自动填充选项的列表框中选择"填充序列"，如图 3.37 所示。

图 3.37 设置自动填充格式

2）表格的美化

表格的美化包括字体格式、单元格格式的设置。

①选中单元格 A1 到 J1，选择"开始"功能区"对齐方式"组中的"合并后居中"。

②选中单元格 A2 到 J2，选择"开始"功能区"对齐方式"组中的文本右对齐按钮"▣'"。

③拖拉选中表格 A3 到 J17，选择"开始"功能区"对齐方式"组中的居中按钮"▣"。

④把鼠标放到行标题 1 和 2 之间，鼠标变成上下双箭头，向下拖拉鼠标，调整行高，将员工档案表字体加粗，字体设为 18。

⑤拖拉选中表格 A3 到 J17，单击右键，在快捷菜单中选择"设置单元格格式"，在打开的"设置单元格格式"对话框中选择"边框"选项卡，设置内边框为蓝色粗线："样式:粗线""颜色:蓝色""预置:外边框"；设置内框为红色细线："样式:细线""颜色:红色""预置:内部"，如图 3.38 所示。

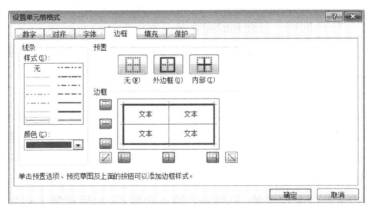

图 3.38　设置表格边框格式

⑥将行标题 3 到 17 选中，增加其中一个行高，所有行高都会同时设置。

⑦选中标题栏，单击右键，在快捷菜单中选择"设置单元格格式"，在打开的"设置单元格格式"对话框中选择"填充"选项卡，选择"蓝色"，单击"确认"按钮。将标题栏的字体颜色设置为"白色"，如图 3.39 所示。

图 3.39　设置单元格的填充格式

⑧为了防止数据多阅读时看错行,可以给间隔行加不同颜色以示区分。按住"Ctrl"键,同时鼠标单击间隔行,填充粉红色和淡绿色。表格制作完成。

3.2.2　Excel 数据处理

Excel 数据处理包括以下知识点:
- 公式和函数的概念及应用;
- 常用函数的用法;
- 条件格式的概念及应用;
- Excel 图表制作方法。

通过对如图 3.40 所示的员工工资表进行数据处理来学习相关知识点。

	A	B	C	D	E	F	G	H	I	J
1				员工工资表						
2									制表日期:	2018/9/13
3	姓名	基本工资	奖金	补贴	应发工资	房租费	水电气费	其他扣款	扣款合计	实发工资
4	王中华	4,500.00	1,120.00	1,000.00		40.00	49.00	20.00		
5	李小飞	3,980.00	1,280.00	1,010.00		50.00	67.00	15.00		
6	吴康蕊	3,880.00	1,120.00	1,189.00		60.00	85.00	13.00		
7	刘浩泽	4,100.00	1,300.00	1,160.00		60.00	36.00	45.00		
8	钱　亮	3,900.00	1,170.00	1,145.00		40.00	56.00	43.00		
9	邓志东	3,080.00	1,220.00	1,145.00		40.00	75.00	23.00		
10	徐嘉胤	3,925.00	1,190.00	1,134.00		50.00	64.00	23.00		
11	黄子健	3,100.00	1,270.00	1,123.00		50.00	56.00	34.00		
12	沈晨曦	3,870.00	1,210.00	1,178.00		40.00	73.00	45.00		
13	刘东生	5,890.00	1,180.00	1,190.00		40.00	25.00	64.00		
14	徐前前	3,840.00	1,100.00	1,187.00		60.00	64.00	63.00		
15	曹君君	3,850.00	1,130.00	1,189.00		40.00	46.00	43.00		
16	刘圣涵	3,890.00	1,250.00	1,167.00		50.00	46.00	23.00		
17	王钰杰	3,060.00	1,308.00	1,146.00		40.00	75.00	56.00		

图 3.40　员工工资表原始数据

1)公式和函数计算

①计算所有员工工资:选中 E4 单元格,输入" = ",这时鼠标变成数据选择器,可以去选取参与计算的数据 B4,然后再输入"+",再选取 C4⋯,最后 E4 里面的公式就是" = B4 + C4+D4",然后单击"Enter"键,得到王中华的应发工资,如图 3.41 所示。

	A	B	C	D	E	F	G	H	I	J
1				员工工资表						
2									制表日期:	2018/9/13
3	姓名	基本工资	奖金	补贴	应发工资	房租费	水电气费	其他扣款	扣款合计	实发工资
4	王中华	4,500.00	1,120.00	1,000.00	=B4+C4+D4	40.00	49.00	20.00		

图 3.41　应用公式求和计算应发工资

②如果要得到所有员工的工资,只需要自动填充即可。

③扣款合计的计算也可以用以上方法,也可以用函数来计算,选中 I4 单元格,单击开始

功能区下编辑里的自动求和图标 Σ·，Excel 会自动识别计算区域，只要用鼠标去拖拉选中参与计算的单元格区域"F4：H4"，单击"Enter"键，得到王中华的扣款合计。自动填充可以得到所有员工的扣款合计，如图 3.42 所示。

	A	B	C	D	E	F	G	H	I	J
1				**员工工资表**						
2									制表日期：	2018/9/13
3	姓名	基本工资	奖金	补贴	应发工资	房租费	水电气费	其他扣款	扣款合计	实发工资
4	王中华	4,500.00	1,120.00	1,000.00	6,620.00	40.00	49.00	20.00	=SUM(F4：H4)	
5	李小飞	3,980.00	1,280.00	1,010.00		50.00	67.00	15.00		

图 3.42　应用函数求和计算扣款合计

④计算实发工资：选中 J4 单元格，输入"="，鼠标选取参与计算的应发工资 E4，输入"−"，鼠标选取要减去的扣款合计 I4，单击"Enter"键，得到王中华的实发工资。自动填充得到所有员工的实发工资。

⑤计算所有人的平均工资：可以使用 Excel 的 AVERAGE 平均值函数。选中存放计算结果的单元格 B19，单击编辑栏左边的插入函数图标。打开插入函数对话框，选择 AVERAGE 函数。函数参数表中，用鼠标去选择参与计算的所有数据，单击"确定"按钮，得到平均工资。

⑥计算所有实发工资的最大值，选择存放结果的单元格 E19，插入最大值函数 MAX，选择数据区域 J4：J17，单击"Enter"键，得到实发工资的最大值，如图 3.43 所示。同样，可以计算实发工资的最小值。

姓名	基本工资	奖金	补贴	应发工资	房租费	水电气费	其他扣款	扣款合计	实发工资
							制表日期：	2018/9/13	
王中华	4,500.00	1,120.00	1,000.00	6,620.00	40.00	49.00	20.00	109.00	6,511.00
李小飞	3,980.00	1,280.00	1,010.00	6,270.00	50.00	67.00	15.00	132.00	6,138.00
吴康蕊	3,880.00	1,120.00	1,189.00	6,189.00	60.00	85.00	13.00	158.00	6,031.00
刘浩泽	4,100.00	1,300.00	1,160.00	6,560.00	60.00	36.00	45.00	141.00	6,419.00
钱　亮	3,900.00	1,170.00	1,145.00	6,215.00	40.00	56.00	43.00	139.00	6,076.00
邓志东	3,080.00	1,220.00	1,145.00	5,445.00	40.00	75.00	23.00	138.00	5,307.00
徐嘉胤	3,925.00	1,190.00	1,134.00	6,249.00	50.00	64.00	23.00	137.00	6,112.00
黄子健	3,100.00	1,270.00	1,123.00	5,493.00	50.00	56.00	34.00	140.00	5,353.00
沈晨曦	3,870.00	1,210.00	1,178.00	6,258.00	40.00	73.00	45.00	158.00	6,100.00
刘东生	5,890.00	1,180.00	1,190.00	8,260.00	40.00	25.00	64.00	129.00	8,131.00
徐前前	3,840.00	1,100.00	1,187.00	6,127.00	60.00	64.00	63.00	187.00	5,940.00
曹君君	3,850.00	1,130.00	1,189.00	6,169.00	40.00	46.00	43.00	129.00	6,040.00
刘圣涵	3,890.00	1,250.00	1,167.00	6,307.00	50.00	46.00	23.00	119.00	6,188.00
王钰杰	3,060.00	1,308.00	1,146.00	5,514.00	40.00	75.00	56.00	171.00	5,343.00
平均工资：				实发工资最大值	=MAX(J4：J17)			人数统计：	

图 3.43　使用最大值函数 MAX

⑦统计表中数据量，选中存放结果的单元格 I19，插入统计函数 COUNT，选择数据区域 J4：J17，这里注意只要不选文本都可以统计数量，单击"Enter"键，得到数据量为 11 条数据。

⑧统计应发工资低于平均值的人数，这里在统计人数时需要附加条件，可以使用 COUNTIF，选择 J19 存放结果，插入 COUNTIF 函数，并设置参数，Range 表示统计范围 E4：E17，Criteria 表示条件，条件是大于平均工资，所以就是"＞6 341.57"，如图 3.44 所示。

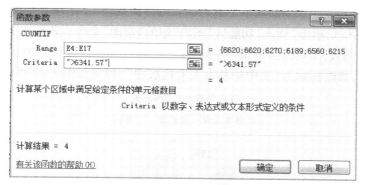

图 3.44　设置 COUNTIF 函数参数

2）条件格式设置

将高于平均工资的工资用红色标出，可以用条件格式设置。选中 E4：E17，单击"开始"功能区"样式"组中"条件格式"命令，在下拉菜单中选择"项目选取规则"子菜单"高于平均值"，弹出对话框，设置平均值以及格式，如图 3.45 所示，单击"确定"按钮，可以看到大于平均工资的工资用深红色突出显示了。

图 3.45　条件格式设置

3）图表制作

①用柱形图直观显示员工的工资。选择源数据"员工姓名"和"员工工资"列数据，即 A3：B17 单元格区域，单击"插入"功能区"图表"组的"柱形图"命令，在下拉菜单中选择"二维柱形图"中的"簇状柱形图"，即可生成簇状柱形图，如图 3.46 所示。

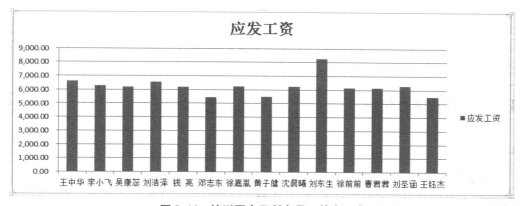

图 3.46　柱形图表示所有员工基本工资

②用饼图表示员工王中华的基本工资构成。选择源数据"王中华和他的三项工资构成"，即 A3:D3 单元格区域，单击"插入"功能区"图表"组的"饼图"命令。若想在饼图中显示工资构成比例，可以选中图表，工具栏会出现"图表工具"功能区，单击"设计"功能区中"图表布局"组，选择"布局 2"，修改标题为"王中华基本工资构成图"，得到如图 3.47 所示的饼图。

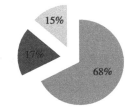

图 3.47　饼图表示工资构成

③用折线图表示王中华和李小飞的各项工资构成。选择源数据"王中华、李小飞和他们的三项工资构成"，即 A3:D4 单元格区域，单击"插入"功能区"图表"组的"折线图"命令。注意：如果横坐标是员工姓名的话，可以在折线图的空白处单击右键，单击"选择数据"，单击切换列表即可。做出的折线图标题和图例要素不足，可以选中图表，工具栏会出现"图表工具"功能区，单击"设计"功能区中"图表布局"组，选择"布局 2"，修改标题为"王中华和李小飞的工资对比图"，得到如图 3.48 所示的折线图。

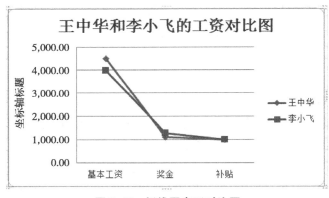

图 3.48　折线图表示对比图

3.2.3　数据检索

引导案例

小李拿着如图 3.49 所示公司的员工档案表，很苦恼，经常需要查找信息，自己只能一个一个地找，小李觉得肯定有更好的方法，于是向公司前辈俊俊请教。

小李：希望能从表格里快速找到符合不同条件的数据，有没有快速高效的方法呢？

俊俊:你说的这些内容是数据检索,只要通过 Excel 的查找、自动筛选和高级筛选就可以完成,完全不需要手工呢! 我们一起来看下吧。

案例分解

Excel 数据检索包括以下知识点:

- 简单查找数据的方法;
- 自动筛选的原理及方法;
- 高级筛选的原理及方法。

通过对如图 3.49 所示的员工档案表进行数据检索来学习相关知识点。

员工档案表

制表日期: 2018/9/14

员工编号	姓名	性别	出生日期	学历	参加工作时间	部门	职务	工资
003101	王中华	男	1982年12月12日	硕士	2003/7/20	销售部	员工	¥1,000.00
003102	李小飞	男	1980年3月4日	硕士	2002/7/4	销售部	副主管	¥1,200.00
003103	吴康蕊	女	1980年12月5日	本科	2002/7/5	研发部	员工	¥1,000.00
003104	刘浩泽	女	1978年6月1日	本科	2002/7/6	人事部	主管	¥980.00
003105	钱　亮	女	1980年4月16日	本科	2002/7/7	人事部	员工	¥960.00
003106	邓志东	男	1980年7月6日	博士	2002/7/8	研发部	主管	¥1,600.00
003107	徐嘉胤	男	1979年12月25日	本科	2001/9/9	销售部	员工	¥960.00
003108	黄子健	女	1980年1月6日	硕士	2001/8/5	研发部	主管	¥1,600.00
003109	沈晨曦	女	1980年8月9日	本科	2003/3/2	财务部	员工	¥950.00
003110	刘东生	男	1982年7月16日	硕士	2002/7/4	研发部	员工	¥970.00
003111	徐前前	男	1983年7月5日	本科	2001/7/10	销售部	员工	¥940.00
003112	曹君君	男	1980年8月8日	本科	2001/7/5	人事部	员工	¥960.00
003113	刘圣涵	男	1981年3月29日	硕士	2002/7/4	销售部	员工	¥970.00
003114	王钰杰	女	1978年1月10日	博士	2000/7/15	研发部	副主管	¥1,300.00

图 3.49　员工档案表

1) 查找单个信息

快速查找钱亮的信息,如果只是查找单个信息,可以单击"开始"功能区"编辑"组中的"查找和选择",或者使用快捷键"Ctrl+F",弹出"查找和替换"对话框,在查找内容的文本框中输入钱亮,注意钱亮中间必须要有两个空格,因为查找内容必须与表格中的数据相同,否则找不到,如图 3.50 所示。

图 3.50　查找内容设置

2）查找符合一个条件的信息

筛选出销售部的所有员工,这里只有一个条件就是销售部,可以使用自动筛选功能。选中 G3:G17,单击"开始"功能区"编辑"组"排序与筛选"命令,在下拉菜单中选择"筛选",可以看到标题部门列出现了下拉三角形 部门▾ ,单击三角形,弹出下拉菜单。勾选销售部即可得到如图 3.51 所示的筛选结果。

	A	B	C	D	E	F	G	H	I
1				员工档案表					
2								制表日期: 2018/9/14	
3	员工编▾	姓名▾	性别▾	出生日期▾	学历▾	参加工作时▾	部门▾	职务▾	工资▾
4	003101	王中华	男	1982年12月12日	硕士	2003/7/20	销售部	员工	¥1,000.00
5	003102	李小飞	男	1980年3月4日	硕士	2002/7/4	销售部	副主管	¥1,200.00
10	003107	徐嘉岚	男	1979年12月25日	本科	2001/9/9	销售部	员工	¥960.00
14	003111	徐前前	男	1983年7月5日	本科	2001/7/10	销售部	员工	¥940.00
16	003113	刘圣函	男	1981年3月29日	硕士	2002/7/4	销售部	员工	¥970.00

图 3.51　自动筛选结果显示

3）高级筛选

高级筛选一般用于条件较复杂的筛选操作,其筛选结果可显示在原始表格中,不符合条件的记录被隐藏起来,也可以在新的位置显示筛选结果,不符合条件的记录保留在数据表中不被隐藏起来,这样更方便进行数据对比。高级筛选关键是设置条件区域。筛选条件如果是"且"的关系,则要放在同一行;如果是"或"的关系,则要放在不同行。

如要筛选出学历是博士或者职务是主管的员工信息,这里是"或"的关系,所以将条件区域的条件要求设置在不同的行,如图 3.52 所示,然后设置高级筛选的相关区域,单击"确定"按钮,得到结果如图 3.53 所示。

学历	职务
博士	
	主管

图 3.52　条件区域设置

								制表日期: 2018/9/14
6	员工编号	姓名	性别	出生日期	学历	参加工作时间	部门	职务	工资
10	003104	刘浩泽	女	1978年6月1日	本科	2002/7/6	人事部	主管	¥980.00
12	003106	邓志东	男	1980年7月6日	博士	2002/7/8	研发部	主管	¥1,600.00
14	003108	黄子健	女	1980年1月6日	硕士	2001/8/5	研发部	主管	¥1,600.00
20	003114	王钰杰	女	1978年1月10日	博士	2000/7/15	研发部	副主管	¥1,300.00

图 3.53　高级筛选结果

3.2.4　数据综合管理

Excel 数据综合管理包括以下知识点：

- 分类汇总的原理和方法；
- 数据合并的原理和方法；
- 数据透视表的原理和方法。

通过对如图 3.54 所示数据进行分析来学习相关知识点。

员工编号	部门	姓名	性别	基本工资	奖金	补贴	应发工资	扣款合计	实发工资
003101	销售部	王中华	男	4,500.00	1,120.00	1,000.00	6,620.00	109.00	6,511.00
003102	销售部	李小飞	男	3,980.00	1,280.00	1,010.00	6,270.00	132.00	6,138.00
003103	研发部	吴康荋	女	3,880.00	1,120.00	1,189.00	6,189.00	158.00	6,031.00
003104	人事部	刘浩泽	男	4,100.00	1,300.00	1,160.00	6,560.00	141.00	6,419.00
003105	人事部	钱　亮	男	3,900.00	1,170.00	1,145.00	6,215.00	139.00	6,076.00
003106	研发部	邓志东	男	3,080.00	1,220.00	1,145.00	5,445.00	138.00	5,307.00
003107	销售部	徐嘉胤	女	3,925.00	1,190.00	1,134.00	6,249.00	137.00	6,112.00
003108	研发部	黄子健	男	3,100.00	1,270.00	1,123.00	5,493.00	140.00	5,353.00
003109	财务部	沈晨曦	女	3,870.00	1,210.00	1,178.00	6,258.00	158.00	6,100.00
003110	研发部	刘东生	男	5,890.00	1,180.00	1,190.00	8,260.00	129.00	8,131.00
003111	销售部	徐前前	男	3,840.00	1,100.00	1,187.00	6,127.00	187.00	5,940.00
003112	人事部	曹君君	男	3,850.00	1,130.00	1,189.00	6,169.00	129.00	6,040.00
003113	销售部	刘圣涵	男	3,890.00	1,250.00	1,167.00	6,307.00	119.00	6,188.00
003114	研发部	王钰杰	女	3,060.00	1,308.00	1,146.00	5,514.00	171.00	5,343.00

图 3.54　员工部门统计表

1）分类汇总

分类汇总是指将数据按指定的类进行汇总分析，在进行分类汇总前先要对所汇总数据进行排序。

分类汇总可以将数据按照不同的类别进行统计。分类汇总不需要输入公式，也不需要使用函数，Excel 将自动处理并插入分类结果。

（1）统计各部门的工资总额

①按住"Ctrl"键的同时用鼠标左键拖动"员工部门统计表"工作表标签，复制一个工作表"工资汇总表"，选中需要处理的数据区域 A2:I12。

②单击"数据"功能区"排序和筛选"组中的"排序"命令，在打开的"排序"对话框中设置：主要关键字选择"部门"，排序依据选择"数值"，次序选择"升序"，如图 3.55 所示。单击"确定"按钮，得到按部门进行排序的表格。

图 3.55　按部门排序的设置

③单击"数据"功能区"分级显示"组中的"分类汇总"命令,打开"分类汇总"对话框。在"分类字段"下拉列表中选择"部门","汇总方式"选择"求和","选定汇总项"选择"实发工资",单击"确定"按钮,得到分类汇总的结果,如图 3.56 所示。

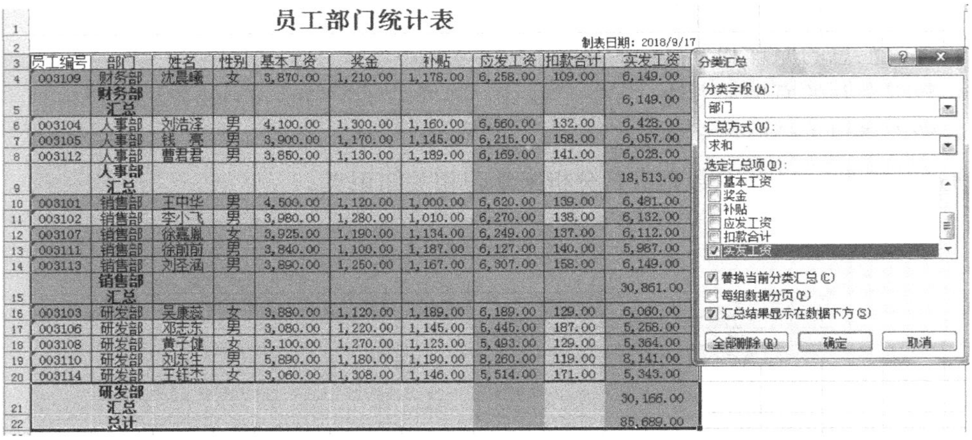

图 3.56 按部门分类汇总求和的设置和结果

如果想要删除汇总的结果,可以单击数据区域中任一单元格,单击"分类汇总"对话框中"全部删除"按钮,则只删除汇总结果,对原有的数据不删除。

(2)统计各部门的平均工资

①选中需要处理的 A2:I12 单元格区域数据。

②单击"数据"功能区"分级显示"组中的"分类汇总"命令,打开"分类汇总"对话框。在"分类字段"下拉列表中选择"部门","汇总方式"选择"平均值","选定汇总项"选择"应发工资",单击"确定"按钮,得到分类汇总的结果,如图 3.57 所示。

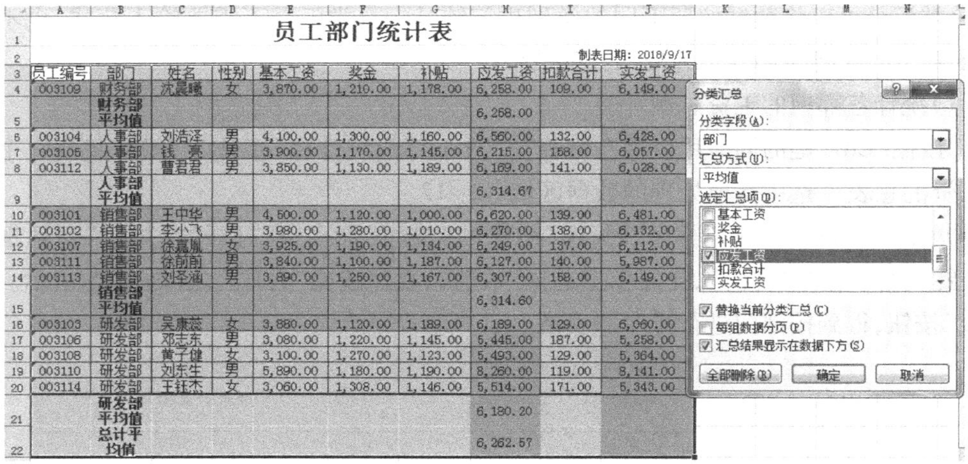

图 3.57 按部门分类汇总求平均值的设置和结果

(3)根据性别查看应发工资和扣款的平均值

①按住"Ctrl"键的同时用鼠标左键拖动"员工部门统计表"工作表标签,复制一个工作

表"员工部门统计表"。

②选中需要处理的 A2:I12 单元格区域数据。

③单击"数据"功能区"排序和筛选"组中的"排序"命令,在打开的"排序"对话框中设置:主要关键字选择"性别",排序依据选择"数值",次序选择"升序"。最后得到按性别进行排序的表格。

④单击"数据"功能区"分级显示"组中的"分类汇总"命令,打开"分类汇总"对话框。在"分类字段"下拉列表中选择"性别","汇总方式"选择"平均值","选定汇总项"选择"应发工资"和"扣款合计",单击"确定"按钮,得到分类汇总的结果,如图 3.58 所示。

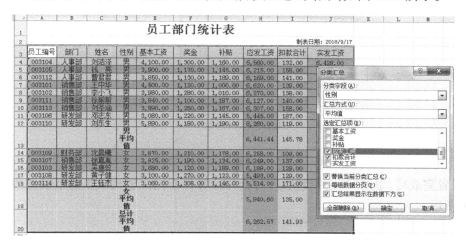

图 3.58　按性别分类汇总的属性设置和结果

2)合并计算

每月员工的工资基本不变,但是奖金和补贴每个月都不一样,如何快速汇总计算出不同的员工的不同来源的数据,可以用合并计算。

合并计算可以将单独工作表中的数据合并计算到一个主工作表中。这些工作表可以和主工作表在同一个工作簿中,也可以位于其他工作簿中。

①依次打开基本工资表、奖金表、补贴表、汇总工资表,如图 3.59 所示。

	A	B
1	姓名	基本工资
2	王中华	4,500.00
3	李小飞	3,980.00
4	吴康蕊	3,880.00
5	刘浩泽	4,100.00
6	钱　亮	3,900.00
7	邓志东	3,080.00
8	徐嘉胤	3,925.00
9	黄子健	3,100.00
10	沈晨曦	3,870.00
11	刘东生	5,890.00
12	徐前前	3,840.00
13	曹君君	3,850.00
14	刘圣涵	3,890.00
15	王钰杰	3,060.00

	A	B
1	姓名	奖金
2	王中华	1,120.00
3	李小飞	1,280.00
4	吴康蕊	1,120.00
5	刘浩泽	1,300.00
6	钱　亮	1,170.00
7	邓志东	1,220.00
8	徐嘉胤	1,190.00
9	黄子健	1,270.00
10	沈晨曦	1,210.00
11	刘东生	1,180.00
12	徐前前	1,100.00
13	曹君君	1,130.00
14	刘圣涵	1,250.00
15	王钰杰	1,308.00

	A	B
1	姓名	补贴
2	王中华	1,000.00
3	李小飞	1,010.00
4	吴康蕊	1,189.00
5	刘浩泽	1,160.00
6	钱　亮	1,145.00
7	邓志东	1,145.00
8	徐嘉胤	1,134.00
9	黄子健	1,123.00
10	沈晨曦	1,178.00
11	刘东生	1,190.00
12	徐前前	1,187.00
13	曹君君	1,189.00
14	刘圣涵	1,167.00
15	王钰杰	1,146.00

	A	B
1	姓名	汇总工资
2	王中华	6,620.00
3	李小飞	6,270.00
4	吴康蕊	6,189.00
5	刘浩泽	6,560.00
6	钱　亮	6,215.00
7	邓志东	5,445.00
8	徐嘉胤	6,249.00
9	黄子健	5,493.00
10	沈晨曦	6,258.00
11	刘东生	8,260.00
12	徐前前	6,127.00
13	曹君君	6,169.00
14	刘圣涵	6,307.00
15	王钰杰	5,514.00

图 3.59　员工的工资构成的不同部分

②在选择汇总工资表中,选中 B2 单元格,单击"数据"功能区"数据工具"组中的"合并计算",打开"合并计算"对话框。

③在"函数"中选择"求和"。

④在"引用位置"中单击拾取器按钮，选择基本工资表中的所有基本工资数据,即 B2:B15 单元格区域,并单击拾取器按钮返回到"合并计算"对话框中,单击"添加"按钮,将所选的区域添加到"所有引用位置"列表中。

⑤根据同样的操作,逐一将奖金表和补贴表里相应的数据添加到"所有引用位置"列表中,如图 3.60 所示。

图 3.60　所有引用完成后的"合并计算"对话框

⑥设置完成后,单击"确定"按钮,即可合并计算出不同工资构成汇总后的应发工资,如图 3.61 所示。

	A	B
1	姓名	应发工资
2	王中华	6,620.00
3	李小飞	6,270.00
4	吴康蕊	6,189.00
5	刘浩泽	6,560.00
6	钱　亮	6,215.00
7	邓志东	5,445.00
8	徐嘉胤	6,249.00
9	黄子健	5,493.00
10	沈晨曦	6,258.00
11	刘东生	8,260.00
12	徐前前	6,127.00
13	曹君君	6,169.00
14	刘圣涵	6,307.00
15	王钰杰	5,514.00

图 3.61　合并计算的结果

3)数据透视表

数据透视表是一种对大量数据快速汇总和建立交叉列表的交互式表格,它具有能够全面、灵活地对数据进行分析、汇总等功能。只需要改变对应的字段位置,即可得到多种分析结果,对数据进行动态的分析。

(1)通过数据透视表查看图 3.62 中每个分公司的不同电器的销售总量

①选定产品销售情况表中的任意单元格。

②单击"插入"功能区"表格"组中的"数据透视表"命令,打开图"数据透视表"对话框。在"表/区域(T)"通过数据拾取器选择表中的所有数据,即 A1:G37 单元格区域,数据表的位置放

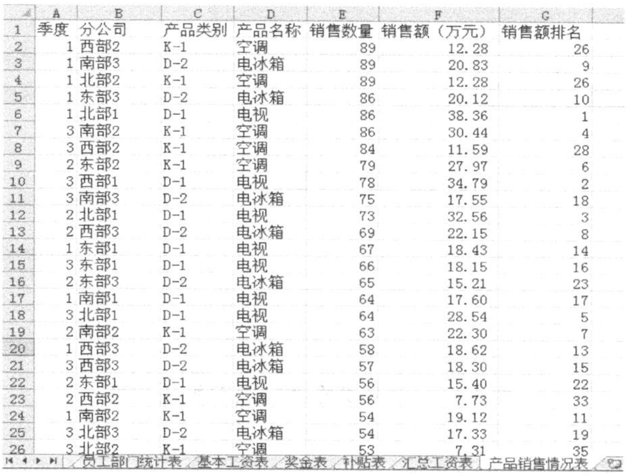

	季度	分公司	产品类别	产品名称	销售数量	销售额（万元）	销售额排名
2	1	西部2	K-1	空调	89	12.28	26
3	1	南部3	D-2	电冰箱	89	20.83	9
4	1	北部2	K-1	空调	89	12.28	26
5	1	东部3	D-2	电冰箱	86	20.12	10
6	1	北部1	D-1	电视	86	38.36	1
7	3	南部2	K-1	空调	86	30.44	4
8	3	西部2	K-1	空调	84	11.59	28
9	2	东部2	K-1	空调	79	27.97	6
10	3	西部1	D-1	电视	78	34.79	2
11	3	南部3	D-2	电冰箱	75	17.55	18
12	2	北部1	D-1	电视	73	32.56	3
13	2	西部3	D-2	电冰箱	69	22.15	8
14	1	东部1	D-1	电视	67	18.43	14
15	3	东部1	D-1	电视	66	18.15	16
16	2	东部3	D-2	电冰箱	65	15.21	23
17	1	南部1	D-1	电视	64	17.60	17
18	3	北部1	D-1	电视	64	28.54	5
19	2	南部2	K-1	空调	63	22.30	7
20	1	西部3	D-2	电冰箱	58	18.62	13
21	3	西部3	D-2	电冰箱	57	18.30	15
22	2	东部1	D-1	电视	56	15.40	22
23	2	西部2	K-1	空调	56	7.73	33
24	1	南部2	K-1	空调	54	19.12	11
25	3	北部3	D-2	电冰箱	54	17.33	19
26	3	北部2	K-1	空调	53	7.31	35

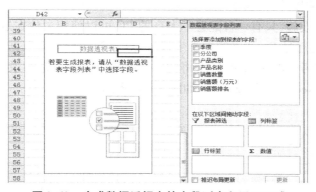

图 3.62　产品销售情况表

在“现有工作表”中 B40 的位置。单击“确定”按钮，得到如图 3.63 所示的数据透视表字段列表。

图 3.63　生成数据透视表的字段列表和显示区域

③拖动“分公司”到行标签，拖动“产品名称”到列标签，拖动“销售额（万元）”到求和项，可以得到分公司的不同产品的销售量汇总，如图 3.64 所示。

求和项:销售额（万元）	列标签			
行标签	电冰箱	电视	空调	总计
北部1		99.458		99.458
北部2			24.702	24.702
北部3	46.545			46.545
东部1		51.975		51.975
东部2			52.392	52.392
东部3	44.46			44.46
南部1		37.675		37.675
南部2			71.862	71.862
南部3	48.906			48.906
西部1		62.886		62.886
西部2			31.602	31.602
西部3	59.064			59.064
总计	198.975	251.994	180.558	631.527

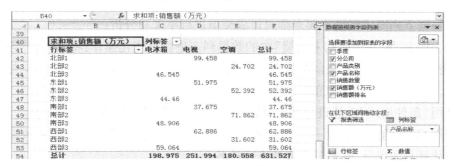

图 3.64　设置数据透视表字段及结果

（2）利用数据透视表查看同一产品不同类型的销售总量

只需要改变数据透视表的字段即可得到不同结果。拖动“产品名称”到行标签，拖动“产品类型”到列标签，拖动“销售额（万元）”到求和项，可以得到同一产品不同类型的销售总量,如图 3.65 所示。

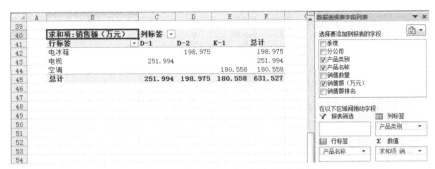

图 3.65 改变数据透视表字段及结果

3.2.5 思考与创新训练

小蒋是一位中学教师,在教务处负责初一年级学生的成绩管理。由于学校地处偏远地区,缺乏必要的教学设施,只有一台配置不太高的 PC 可以使用。他在这台计算机中安装了 Microsoft Office,决定通过 Excel 来管理学生成绩,以弥补学校缺少数据库管理系统的不足。现在,第一学期期末考试刚刚结束,小蒋将初一年级三个班的成绩均录入文件名为"学生成绩分析表.xlsx"的 Excel 工作簿文档中,如图 3.66 所示。

	A	B	C	D	E	F	G	H	I
1				学生成绩分析表					
2	学号	姓名	计算机	英语	数学	总分	德育成绩	总评成绩	排名
3	0404130107	刘清清	99	82	87		92		
4	0404130108	吴建	95	61	55		87		
5	0404130103	金晓雯	94	89	71		86		
6	0404130109	李长青	92	99	83		77		
7	0404130101	梁晓龙	89	75	96		90		
8	0404130106	徐丹丹	88	61	75		74		
9	0404130110	王莎莎	88	78	99		85		
10	0404130104	陈可可	71	66	22		74		
11	0404130105	郭丽莎	55	77	63		85		
12	0404130102	李丽	33	56	66		65		

图 3.66 学生成绩分析表

请你根据下列要求帮助小蒋老师对该成绩单进行整理和分析:

①对工作表"第一学期期末成绩"中的数据列表进行格式化操作:将第一列"学号"列设为文本,将所有成绩列设为保留两位小数的数值;适当加大行高列宽,改变字体、字号,设置对齐方式,增加适当的边框和底纹以使工作表更加美观。

②利用"条件格式"功能进行下列设置:将计算机不及格的成绩用红色标记。

③利用 SUM 函数计算每一个学生的总分,利用公式总评成绩 = 总分 * 70% + 德育成绩 * 30% 计算总评得分,并对总评成绩进行排名。

④利用 AVERAGE 函数求出各科平均成绩、用 MAX 函数计算各科最高分,用 MIN 函数计算各科最低分,并用 COUNTIF 函数计算总分低于 200 分的人数。

⑤将每个学生的总评成绩用柱形图表示,有图例,有标题。

⑥分析梁晓龙同学的各科成绩,并用饼图表示。

任务 3　演示文稿制作软件 PowerPoint 2010 认知

◆引导案例

小唐是某公司职员,受公司委派,他要对本单位进行宣传介绍以拓展业务。小唐经过一番思考,回忆起大学老师曾经讲过,如果要轻松高效地进行宣传演讲,那么 PowerPoint 演示文稿是最得力的工具。所以,他决定用 PowerPoint 2010 演示文稿进行展示。那么,如何进行演示文稿的创建和设计、多媒体如何处理、如何达到精彩的演示效果吸引观众呢? 小唐决定再认真学习一下 PowerPoint 2010,争取做出图文并茂、形象生动的公司宣传文稿。

想一想: PowerPoint 2010 有哪些基本功能? 你已掌握了哪些?

◆任务目标

通过本任务的学习应该掌握以下内容:
- 创建演示文稿;
- 幻灯片的基本编辑操作;
- 幻灯片中添加对象;
- 设置幻灯片的外观效果;
- 设置幻灯片播放的动态效果;
- 设置幻灯片的放映方式。

3.3.1　演示文稿的创建与设计

演示文稿的创建与设计包含以下知识点:
- 创建演示文稿;
- 幻灯片主题设计;
- 幻灯片中添加对象;
- 幻灯片母版的使用。

大学一年级的生活即将结束,回想起高考暑假过后怀着好奇和期待第一次踏进校园的景象,回忆着大一的生活,有苦有甜、有悲有喜,请创建演示文稿展示自己的大学一年级的美好回忆。首先围绕主题(我的大一生活)确定好大致思路,可分为几个大的部分进行展示,如生活部分、学习部分和活动部分等,每个部分的展示主题鲜明突出,图文并茂。通过制作完成如图 3.67 所示的演示文稿来学习相关知识。

图 3.67 "我的大一生活"演示文稿

1)创建演示文稿

演示文稿由一系列幻灯片组成。幻灯片可以由标题、说明文字、图片及多媒体组件等元素组成。

PowerPoint 2010 提供了多种新建演示文稿的方法。

方法 1:新建空白演示文稿

单击"文件"菜单,选择"新建",单击"空白演示文稿"按钮,再单击"创建"按钮,即可创建一个空白演示文稿,如图 3.68 所示。

图 3.68 新建空白演示文稿

🔸 提示:

利用此方法创建的演示文稿,没有应用任何背景和样式效果,用户可以不受任何条件约束,充分发挥自己的才能,在空白的页面上创建任意元素。

方法2:根据模板新建演示文稿

单击"文件"菜单,选择"新建",单击"样本模板"按钮,在打开的"可用的模板和主题"窗口中将显示出已安装的模板,如图3.69所示,单击要使用的模板,再单击"创建"按钮,即可根据当前选定的模板创建演示文稿。

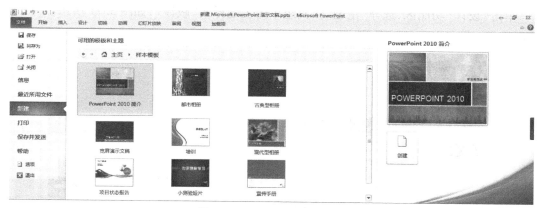

图3.69　可用的模板和主题

方法3:据现有内容新建演示文稿

单击"文件"菜单,选择"新建",单击"根据现有内容新建"按钮,在打开的"根据现有演示文稿新建"对话框中,找到所需的现有演示文稿,再单击"新建"按钮即可。

2)保存演示文稿

单击"文件"菜单,选择"另存为",在打开的"另存为"对话框中,如图3.70所示,在"文件名"文本框输入一个新文件名(任务3 PowerPoint 2010-创建),单击"保存位置"列表框右侧的向下箭头,从下拉列表中选择保存到的文件夹,再单击"保存"按钮,即可将演示文稿保存到相应位置。

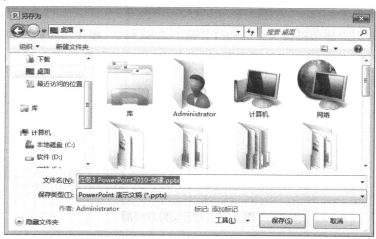

图3.70　保存演示文稿

3）幻灯片主题设计

使用主题（主题是主题颜色、主题字体和主题效果三者的组合，主题可以作为一套独立的选择方案应用于文件中）可以简化专业设计师水准的演示文稿的创建过程，这样用户的演示文稿就可以具有统一的风格。

单击"设计"功能区，选择"主题"工具组中的主题样式"跋涉"，如图3.71所示。

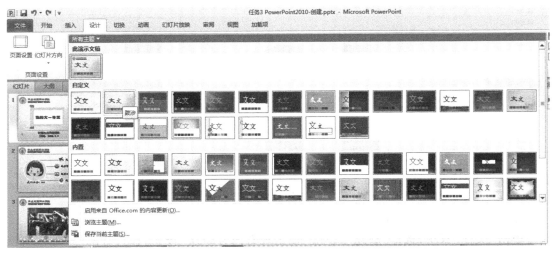

图3.71　主题样式

4）幻灯片母版

幻灯片母版，实际上是一张特殊的幻灯片，它可以被看作一个用于构建幻灯片的框架。在演示文稿中，所有的幻灯片都基于该幻灯片母版而创建。如果更改了幻灯片母版，则会影响所有基于母版而创建的演示文稿幻灯片、备注或讲义部分。演示文稿中的母版有4种类型，即幻灯片母版、标题母版、讲义母版和备注母版，分别用于控制一般幻灯片、标题幻灯片、讲义和备注的格式。

本节案例中可以使用母版为全部幻灯片贴上Logo标志，操作步骤如下：

①单击"视图"功能区，在"母版视图"组中单击"幻灯片母版"，进入母版视图，如图3.72所示。

图3.72　打开幻灯片母版

②在幻灯片母版中，单击"插入"功能区，选择"图像"组中的"图片"按钮，在打开的"插

入图片"对话框中选择所需的图片,单击"插入"按钮,然后调整图片的大小和位置。每个版式重复以上操作过程。

③单击功能区"幻灯片母版"功能区中"关闭母版视图"按钮,返回到普通视图中,每张幻灯片中均出现插入的 Logo 图片。

5)SmartArt 图形

SmartArt 图形是信息和观点的视觉表示形式。可以通过从多种不同布局中进行选择来创建 SmartArt 图形,从而快速、轻松、有效地传达信息。

因为 PowerPoint 2010 演示文稿通常包含带有项目符号列表的幻灯片,所以用户可以快速将幻灯片文本转换为 SmartArt 图形。此外,还可以在 PowerPoint 2010 演示文稿中向 SmartArt 图形添加动画。

本节案例中使用到了 SmartArt,操作步骤如下:

①选择要在其中插入 SmartArt 的幻灯片(第二页)。

②单击"插入"功能区,在"插图"组中单击"SmartArt",打开"选择 SmartArt 图形"对话框,如图 3.73 所示。单击所需的布局("图片"组中的第二项"圆形图片标注"),然后单击"确定"。

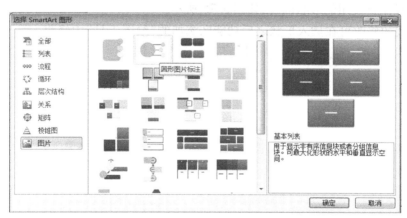

图 3.73 "选择 SmartArt 图形"对话框

插入 SmartArt 时,功能区将显示"SmartArt 工具",并且"设计"功能区和"格式"功能区将自动添加到功能区。

在"设计"功能区中,用于更改 SmartArt 的类型和设计的组。

在"格式"功能区中,用于更改形状格式的组。

6)添加对象

(1)文本框

文本框是一个对象,允许用户在幻灯片中的任意位置放置和键入文本。

在"插入"功能区的"文本"组中,单击"文本框",如图 3.74 所示。在演示文稿中单击,然后通过拖动来绘制具有所需大小的文本框。若要向文本框中添加文本,请在文本框内单击,然后键入或粘贴文本。

图 3.74　插入文本框

（2）形状

用户可以在幻灯片中添加一个形状,或者合并多个形状以生成一个绘图或一个更为复杂的形状。可用的形状包括线条、基本几何形状、箭头、公式形状、流程图形状、星、旗帜和标注。

在"我的大一生活"演示文稿当中,第一页的卷轴和后面的蝴蝶和白云图形,都是利用单个形状或多个组合而成的。插入形状的步骤为:单击"插入"功能区,选择"插图"组中的"形状",然后选择需要使用的形状即可,如图 3.75 所示。

形状格式的修改可在插入形状之后功能区添加的"绘图工具"中修改。

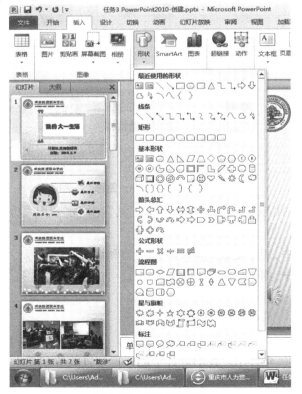

图 3.75　插入"形状"

（3）剪贴画或图片

PowerPoint 2010 提供了内容丰富的剪贴画库,也可以根据当前幻灯片内容选择插入文件中的图片。插入步骤:单击"插入"功能区,选择"插图"组中的"图片"或"剪贴画",然后选择需要使用的即可,剪贴画库如图 3.76 所示。

图 3.76　剪贴画库

（4）音频

为了突出重点或烘托气氛,可以在演示文稿中添加音频,如音乐、旁白和原声摘要等。在幻灯片上插入音频剪辑时,将显示一个表示音频文件的图标。在进行演讲时,可以将音频剪辑设置为在显示幻灯片时自动开始播放、在单击鼠标时开始播放或播放演示文稿中的所有幻灯片,甚至可以循环连续播放媒体直至停止播放。

插入音频的步骤:单击"插入"功能区,选择"媒体"组中的"音频",可以选择"文件中的音频""剪贴画音频"或"录制音频",如图 3.77 所示。

图 3.77　插入音频

插入音频后,功能区将显示"音频工具",并且"格式"功能区和"播放"功能区将自动添加到功能区,可以修改音频的显示和播放的效果。

3.3.2　设置演示文稿播放效果

设置演示文稿播放效果包含以下知识点:

- 幻灯片对象动画效果设置;
- 幻灯片切换效果设置;
- 幻灯片放映方式设置。

通过3.3.1的任务我们创建了一个演示文稿来展示自己的大学一年级的美好生活,但是在演讲展示放映时,并不能生动活泼地播放每一张幻灯片。恰当地使用预设动画,可增加幻灯片的趣味性和动态效果;设置幻灯片的超链接,可增强交互性能;设置幻灯片之间的切换,可提高幻灯片演示的视觉效果。通过制作完成如图3.78所示的演示文稿效果来学习相关知识点。

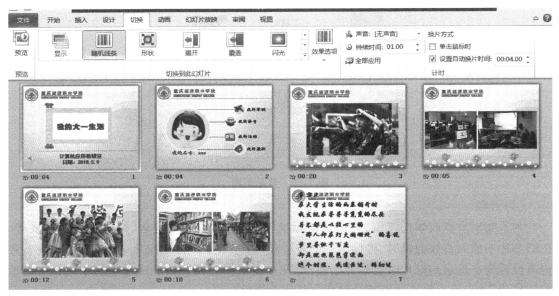

图3.78　演示文稿效果图

1)设置对象动画效果

动画可以让一个静态的PPT在播放时变得动起来,给人一种不同的视觉效果,让人印象深刻。

在"动画"功能区中,有4种动画的基本类型:进入、强调、退出和动作路径,如图3.79所示。

为对象选择了一种动画之后,在动画窗格中打开"效果选项"和"计时"菜单,进行该动画具体效果、开始时间、持续时间、重复次数等的设置,如图3.80所示。

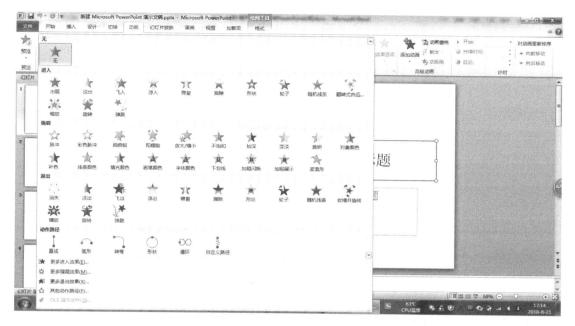

图 3.79　动画的 4 种类型

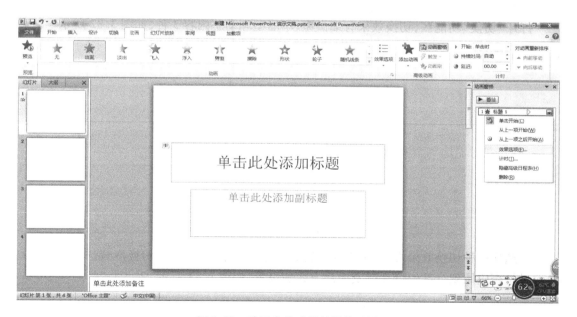

图 3.80　动画窗格动画效果的设置

　　如果一个对象要设置多个动画,那么在设置了一个动画之后,后面的动画要单击"添加动画"进行添加,如图 3.81 所示。

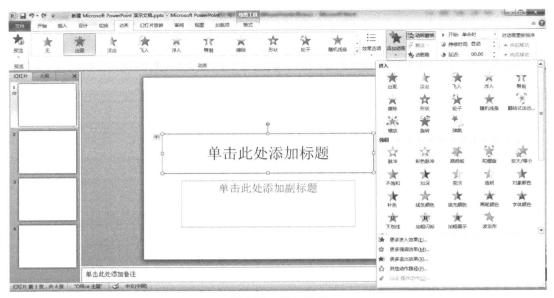

图 3.81　添加动画

2)设置幻灯片切换效果

在展示幻灯片时,幻灯片之间进行切换也可以进行效果的设置,使幻灯片更加生动。打开"切换"功能区,切换效果有细微型、华丽型和动态内容 3 种,如图 3.82 所示。

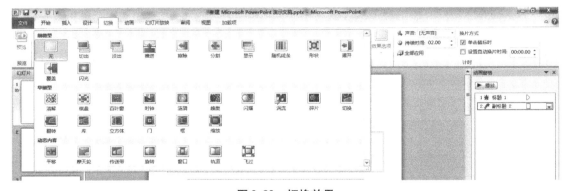

图 3.82　切换效果

在选择一种切换效果之后,可以在"切换"功能区"计时"组进行切换声音、持续时间、切换效果是否应用到全部幻灯片以及换片方式的设置,如图 3.83 所示。

图 3.83　"计时"组

3）设置幻灯片放映

（1）设置放映方式

默认情况下，演示者需要手动放映演示文稿，通过按任意键完成从一张幻灯片切换到另一张幻灯片的动作；还可以创建自动播放演示文稿，用于在商贸展示或展台。自动播放幻灯片的转换方式：设置每张幻灯片在自动切换到下一张幻灯片前，在屏幕上停留一定的时间。单击"幻灯片放映"功能区，在"设置"组中单击"设置幻灯片放映"按钮，弹出"设置放映方式"对话框，如图3.84所示，根据不同场合，选择3种不同的方式放映幻灯片。

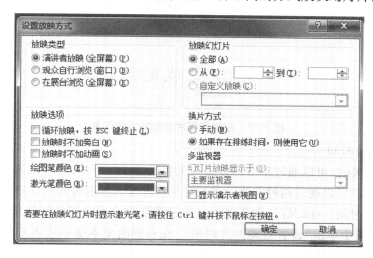

图 3.84　设置放映方式

①演讲者放映（全屏幕）。这是最常用的放映方式，由演讲者自动控制全部放映过程，可以采用自动或人工的方式运行放映，还可以改变幻灯片的放映流程。

②观众自行浏览（窗口）。这种放映方式，可以用于小规模的演示。以这种方式放映演示文稿时，演示文稿会出现在小型窗口内，并提供相应的操作命令，允许移动、编辑、复制和打印幻灯片。观众可以通过该窗口的滚动条从一张幻灯片移到另一张幻灯片，同时打开其他程序。

③在展台浏览（全屏幕）。这种方式可以自动放映演示文稿。自动放映演示文稿是不需要专人播放幻灯片就可以发布信息，能够使大多数控制都失效，这样观众就不能改动演示文稿。当演示文稿自动运行结束，会自动重新开始。

（2）控制幻灯片的放映过程

在幻灯片放映过程中，无论放映方式设置为人工还是自动，都可以利用快捷菜单控制幻灯片放映的各个环节。单击"幻灯片放映"功能区，在"开始放映幻灯片"组中单击"从头开始"按钮，即可放映演示文稿。在放映过程中，右击屏幕的任意位置，在弹出的快捷菜单中选择相应的命令控制幻灯片的放映。也可以在放映过程中，屏幕左下角会出现"幻灯片放映"工具栏，单击 按钮，也会弹出快捷菜单，如图3.85所示，控制幻灯片的放映。

①快捷菜单中选择"下一张"命令,可以切换到下一张幻灯片;选择"上一张"命令,可以返回上一张幻灯片。

②如果要提前结束放映,则从快捷菜单中选择"结束放映"命令。

③如果要快速切换到某张幻灯片,则从快捷菜单中选择"定位至幻灯片"命令,然后选择要定位的幻灯片名称。

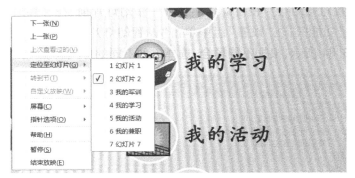

图3.85　控制幻灯片放映的快捷菜单

（3）设置放映时间

在幻灯片放映时,可以通过单击的方法人工切换每张幻灯片,还可以为幻灯片设置自动切换的特性。用户可以通过两种方法设置幻灯片在屏幕上显示时间的长短。

①设置放映时间。在幻灯片浏览视图中选定要设置放映时间的幻灯片,单击"切换"功能区,在"计时"组中单击"设置自动换片时间",在右侧的文本框中输入幻灯片在屏幕上显示的秒数。如果所有幻灯片的换片时间相同,则单击"全部应用"按钮。

②使用排练计时。在每次发表演示之前,演讲者都要进行多次的演练。演示时可以在排练幻灯片放映的过程中自动记录幻灯片之间切换的时间间隔。

打开要使用排练计时的演示文稿,单击"幻灯片放映"功能区,在"设置"组中单击"排练计时"按钮,系统将切换到幻灯片放映视图中。在放映过程中,屏幕上会出现"录制"工具栏,单击"下一页"按钮,即可在"幻灯片放映时间"框中开始记录新幻灯片的时间。排练放映结束后,会弹出对话框,显示幻灯片放映所需的时间。单击"是"按钮,则接受排练的时间;单击"否"按钮,则取消本次排练。

4）设置超链接

在 PowerPoint 2010 中,超链接可以是从一张幻灯片到同一演示文稿中另一张幻灯片的链接,也可以是从一张幻灯片到不同演示文稿中另一张幻灯片、到电子邮件地址、网页或文件的链接。

用户可以对文本或对象（如图片、图形、形状或艺术字）创建超链接。选中对象之后,单击鼠标右键,在弹出的快捷菜单中选择"超链接",打开"插入超链接"对话框,如图3.86所示,在对话框中选择需要链接到的位置即可。

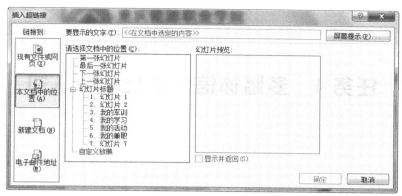

图 3.86　插入超链接

3.3.3　思考与创新训练

1）思考

"勇立时代潮头敢闯会创,扎根中国大地书写人生华章",2018 年 3 月,第四届中国"互联网+"大学生创新创业大赛在厦门全面启动。中国"互联网+"大学生创新创业大赛自 2015 年创办以来,累计有 225 万大学生、55 万个团队参赛,涌现出了一大批科技含量高、市场潜力大、社会效益好的高质量项目,展现了当代青年大学生奋发有为、昂扬向上的风采,已经成为我国覆盖面最大、影响最广的大学生创新创业盛会。

假设现在你有一个创业好点子要向我们展示,在制作 PPT 时,每页幻灯片大致要做些什么呢?

2）创新训练

响应国家"大众创业、万众创新"的号召,组队进行创新创业项目的调研、讨论、定稿,项目最好能够与自己的专业相结合。

讨论稿需包含以下关键点:

①团队名称、组员所担任职务、项目名称、项目宣言。

②行业背景和市场现状(痛点在哪里),用数据和案例展示。

③项目主要内容是什么? 对比竞争对手自己的优势在哪里?

④财务预测和融资计划。

格式要求:采用 PPT 的形式展示。

考核方式:采取课内发言,时间要求 3~5 min。

任务 4　多媒体信息处理软件认知

✦引导案例

　　小吴是我院物联网应用技术专业大二的学生,平时刻苦钻研,专业基础扎实,专业技能熟练。2018 年他作为队长组织本专业同学一起申报的双创项目《E 芯多用——智能定位管理系统》,即将参加"互联网+"全国大学生创新创业重庆赛区的比赛。根据双创比赛的要求,需要制作路演视频,只有制作精美的视频才能让他们的项目在路演中脱颖而出,从而取得佳绩,但项目组的同学制作视频的水平尚待提高,需要专业老师的指导。

想一想:目前主流的多媒体信息处理软件有哪些? 哪些是你感兴趣的?

✦任务目标

　　通过本任务的学习应该掌握以下内容:
- 媒体的概念与类型;
- 多媒体与流媒体技术;
- 图像处理技术;
- 音频处理技术;
- 视频处理技术。

3.4.1　多媒体与流媒体

1)多媒体技术

　　多媒体技术是利用计算机对文字、图像、图形、动画、音频和视频等信息进行综合处理、建立逻辑关系和人机交互作用的产物。

　　(1)媒体类型

　　从严格意义上讲,媒体是承载信息的载体,是信息的表现形式。媒体客观地表现了自然界和人类活动中的原始信息。利用计算机技术对媒体进行处理和重现,并对媒体进行交互性控制,就构成了多媒体技术的核心。

　　根据国际通信联盟远程通信标准化组 ITU-T[原国际电报电话委员会(CCITT)]的定义,媒体有以下 5 种类型,见表 3.1。

表 3.1　媒体类型

媒体类别	作用	表现	内容
感觉媒体	用于人类感知客观环境	听觉、视觉、触觉	文字、图形、图像、动画、语言、声音、音乐等
表示媒体	用于定义信息的表达特征	计算机数据格式	ASCII 编码、图像编码、声音编码、视频信号等
显示媒体	用于表达信息	输入、输出信息	键盘、鼠标、话筒、扫描仪、打印机等
存储媒体	用于存储信息	保存、取出信息	软盘、硬盘、移动硬盘、光盘、优盘等
传输媒体	用于连续数据信息的传输	信息传输的网络介质	电缆、光纤、微波、红外波等

（2）多媒体技术的主要处理对象

①文字。采用文字编辑软件生成文本文件，或者使用图像处理软件形成图形方式的文字。

②图像。主要指具有 $2^3 \sim 2^{32}$ 彩色数量的 GIF、BMP、TIF、JPG 格式的静态图像。图像采用位图方式，并可对其压缩，实现图像的存储和传输。

③图形。图形是采用算法语言或某些应用软件生成的矢量化图形，具有体积小、线条圆滑变化的特点。

④动画。动画有矢量动画和帧动画之分。矢量动画在单画面中展示动作的全过程；而帧动画使用多画面来描述动作。帧动画和传统动画的原理一致。具有代表性的帧动画文件是 FLC 动画文件。

⑤音频信号。音频通常采用 WAV 或 MID 格式，是数字化音频文件。还有 MP3 压缩格式的音频文件。

⑥视频信号。视频信号是动态的图像，具有代表性的有 AVI 格式的电影文件和压缩格式的 MPG 视频文件。

以上各种媒体都有对应的数字文件格式，使用的存储介质有优盘、光盘、硬盘和半导体存储卡等。为了使计算机系统能够处理各种媒体文件，国际上指定了相应的软件工业标准，规定各个媒体文件的数据格式、采样标准以及各种相关指标。在计算机硬件方面，也正致力于硬件标准的统一，使网络上的不同计算机能够使用多媒体软件。

（3）多媒体的基本特征

多媒体技术所涉及的对象是媒体，而媒体又是承载信息的载体，因而又被称为"信息载体"。所谓多媒体的基本特征，也就是指信息载体的多样性、交互性和集成性 3 个方面。

2）流媒体技术

流媒体是指网络间的视频、音频和相关媒体数据流从数据源同时向目的地传输的方式，具有连续、实时的特性。其中，数据源是指网络服务器端，目的地是指网络客户端。流媒体技术是解决信息流如何进行实时传送的技术，而多媒体技术则是针对媒体信息本身进行处理，并进行交互性控制的技术。

3.4.2 图像处理技术

1)图像处理技术

实现图像数字化,就要把图像每一个像素的颜色信息转换为数字化的二进制数值。在计算机中,图像主要分为两大类:位图和矢量图。位图是由一个矩阵来描述的,矩阵的元素就是像素。通过对图像中每一个像素的计算与存储,就可以完成图像的数字化。位图一般数据量比较大,比较善于重视颜色的细微层次,但不适合缩放。而矢量图由称为矢量的数学对象定义的线条和色块组成,主要用于工程图和卡通漫画等。矢量图和分辨率无关,也就意味着将它们放大到任意尺寸或用任意分辨率打印都不会降低图像的品质。

图像的数字化就是将自然模拟的信息转换为数字信息。图像数字化过程主要分采样、量化与编码3个步骤。

图像在空间上的离散化称为采样,也就是用空间上部分点的灰度值代表图像,这些点称为采样点。

把采样后所得的各像素的灰度值从模拟量到离散量的转换称为图像灰度的量化。

一幅图像在采样时,行、列的采样点与量化时每个像素量化的级数,既影响数字图像的质量,也影响到该数字图像数据量的大小。

一幅图像,当量化级数 Q 一定时,采样点数 M×N 对图像质量有着显著的影响。采样点数越多,图像质量越好;当采样点数减少时,图上的块状效应就逐渐明显。同理,当图像的采样点数一定时,采用不同量化级数的图像质量也不一样。量化级数越多,图像质量越好,当量化级数越少时,图像质量越差,量化级数的极端情况就是二值图像,图像出现假轮廓。

2)常见图像文件格式

在数字图像的处理过程中,会有很多种图像格式,这些图像格式都分别有自己的优缺点,不同格式的图片都具有特殊的存储格式和对图像处理的方法,因此在不同环境下正确地选择适当的文件格式是相当重要的。表3.2对常见的图像文件格式进行介绍。

表3.2　常见的图像文件格式

图像文件格式	扩展名	文件说明
BMP 格式	.BMP 或.bmp	Windows 标准文件格式,通用的图像存储格式,但文件比较大,不适合在网络上使用
JPG 格式	.jpg	利用 JPEG 标准进行有损图像数据压缩的图片格式,文件非常小,可以提供2：1 到 40：1 的压缩比,是目前 Internet 上的主流文件格式
GIF 格式	.gif	GIF(Graphics Interchange Format,图形交换格式)格式使用 LZW 压缩方法,压缩比比较高,文件长度较小,在网络中使用广泛

续表

图像文件格式	扩展名	文件说明
TIFF 格式	. tif	它是一种包容性十分强大的图像文件格式,图像格式复杂、存储信息多,在印刷方面也被经常使用。3ds MAX 中的大量贴图也是这种格式
PSD 格式	. psd	PSD 格式是 Adobe 公司的图像处理软件 Photoshop 的标准格式,仅用在 Photoshop 中。由于保存了较多的层和通道等信息,因此图像文件较大
PNG 格式	. png	PNG(Portable Network Graphic,可移植的网络图像)格式是为了适应网络文件传输而设计的一种图像格式。压缩效率通常比 GIF 格式高

3) 图像处理软件

在众多的图像处理工具软件中,目前应用最为广泛的要数 Photoshop 了。Photoshop 是 Adobe 公司推出的图像处理软件,目前推出的 Photoshop CS 6 是它的最新版本,与以前的版本相比,它的功能更强大、操作更简单。Photoshop 主要用于位图的编辑与处理。

Photoshop 的主界面主要由标题栏、菜单栏、工具栏、工具箱、控制面板、图像窗口和状态栏等组成,如图 3.87 所示。其中,菜单栏、工具栏的使用和其他应用软件十分类似。Photoshop CS 工具箱中提供了 50 多种工具,在图像处理过程中,很多操作都可以用工具箱中的工具直接进行。选取工具箱中的工具也十分简单,只要用鼠标单击要选的工具按钮即可。控制面板也是 Photoshop 的特色之处,利用控制面板可以完成各种图像处理操作和工具参数设置。

图 3.87　Photoshop 主界面

在使用 Photoshop 时,需要了解以下一些重要概念。

①图层(Layer)。几乎所有在 Photoshop 中处理的图像都少不了使用图层。使用图层,可以很方便地对图像进行编辑。图层就好像一张透明的画布,上层画布上的图像可以挡住下一层的图像,而上层中没有图像的区域就可以看成透明的区域,透过透明的区域,就可以看到该层下面的图像。一个图像可以看成很多个这样的透明画布叠加而成,而每一层都是相互独立的,如果对其中某一层画布上的内容进行修改,也不会影响其他层的内容。如果在图像处理的过程中要添加、删除以及隐藏图层等操作,可以使用图层控制面板,能够非常方便地完成有关的图层操作。

②路径(Path)。路径是指用户绘制出来的由一系列点连接起来的线段或曲线。用户可以对已绘制的路径填充颜色、描边等,从而产生出一些特殊的处理效果。路径实际上是矢量线条,这也体现了 Photoshop 功能的强大,它不仅擅长对位图的操作,同时也能对一些矢量图进行处理。

③滤镜(Filter)。滤镜主要用来完成图像的各种特殊效果处理。Photoshop 本身提供了近百种滤镜,利用这些滤镜,只用执行一个简单的菜单命令,并对其进行适当的设置,就会在瞬间产生许多奇特的处理效果。Photoshop 提供的滤镜都放在滤镜菜单下,需要用时直接选择即可。除了 Photoshop 内置的常用滤镜外,还允许安装其他一些外挂滤镜,外挂滤镜的种类就更加繁多了。这些滤镜用起来虽然很方便,但要真正用好它们需要对这些滤镜非常熟悉,并且还要有一定的美术功底。

3.4.3　音频处理技术

1）音频处理技术

声音是通过一定介质(空气、水等)传播的一种连续的波,称为声波,它是一个随着时间连续变化的模拟信号。一个声波用振幅、频率和周期 3 个物理量来描述。振幅表示声波的音量,即通常所说的声音的大小。声音波形一般以一定的时间间隔重复出现,这个时间间隔称为声音信号的周期。频率表示每秒的周期数。

把模拟的声音信号变成电脑能够识别和处理的数字信号,称为数字化。把声音数字化,首先对模拟信号进行采样,每隔一个很短的时间对模拟信号取一个样本,获取模拟声音信号在此时的电压,然后对每个采样样本进行量化,把量化的数据转换为二进制数据进行存储,过程如图 3.88 所示。

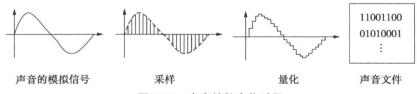

声音的模拟信号　　　采样　　　量化　　　声音文件

图 3.88　声音的数字化过程

采样(Sampling)是每隔一定的时间测量一次声音信号的幅值,把时间连续的模拟信号转换为时间离散、幅度连续的采样信号。每秒采集声波样本的次数称为采样频率。采样频率越高,则经过离散数字化的声波就越接近于其原始的波形,声音的保真度就越高,同时,信息量就越大。量化(Quantization)是将采样得到的数值限定在几个有限的数值中,即将采样信号转换为时间离散、幅度也离散的数字信号。最后进行编码(Coding),即将量化后的信号转换成一个二进制码组输出。

2)常见音频文件格式

数字音频文件也和其他文件一样,存储时也可以有不同的格式。即使数据相同,根据不同的软硬件环境需要,可以存储成不同的文件格式。表3.3对常见的音频文件格式进行介绍。

表3.3 常见的音频文件格式

音频文件格式	扩展名	文件说明
WAV 格式	.WAV	WAV格式是声音文件的基本格式,是 Windows 所使用的标准数字音频格式。Windows 系统和一般的音频卡都支持这种格式文件的生成、编辑和播放。WAV文件格式来源于对声音模拟波形的采样,支持存储各种采样频率和样本精度的声音数据,易于生成和编辑;主要缺点是原始声音数据量太大,不适合长时间的记录,不适合在网络上播放
MIDI 格式	.MID	MIDI(Musical Instrument Digital Interface,乐器数字接口)文件是由世界上主要电子乐器制造厂商建立起来的通信标准,是乐器和电子设备之间声音信息交换的一套规范。它只将每个音符记录为一个数字,相比 WAV 文件要小得多
MP3 格式	.MP3	MP3是采用 MPEG3 标准对 WAVE 音频文件进行压缩而成的,是目前最为流行的多媒体格式之一。具有文件小、音质佳的特点,具有较高的压缩比(12∶1)
RA 格式	.RA	RA(Real Audio)是 Real Networks 推出的一种音乐压缩格式,压缩比大于 MP3,可以达到96∶1。优点是可以采用流媒体的方式实现网上实时播放
CD-DA 格式	.cda	CD-DA(Compact Disk-Digital Audio)是标准激光盘文件,专门用来记录和存储音乐。这种格式的文件数据量大,但音质好

3.4.4 视频处理技术

1)视频处理技术

视频是图像数据的一种,若干有联系的图像数据连续播放便形成了视频。视频指的是图像信号的频率覆盖范围,一般为零到几个兆赫。传统的视频信号称为"模拟视频信号",图像和声音信息由连续的电子波形表示,如录像带中的信号。模拟信号是一种事情发生时的实际表示,是实际的真实图像。而在计算机上通过视频采集设备捕捉下来的录像机、电视等视频源的数字化信息称为数字视频信息。

视频内容从摄像机或者录像带上转到计算机上的过程称为数字化,或者称为采集。视频信息数字化的目的是将模拟视频信号经模数转换和彩色空间变换转换成数字计算机可以显示和处理的数字信号。视频采集实际上是把模拟视频转换成一连串的计算机位图,然后再配以同步的声音,把这些位图在屏幕上以一定速度连续显示的过程。采集后的视频文件需要经过编辑加工后才可以在多媒体软件中使用。

2) 常见视频文件格式

数字视频在计算机中可以有不同的存储格式,不同格式的视频文件占用磁盘的空间是不一样的,其播放的效果也有一定的差别。在实际应用时应根据需要,采用适当的文件格式进行存储。表3.4对常见的视频文件格式进行介绍。

表3.4　常见的音频文件格式

视频文件格式	扩展名	文件说明
AVI 格式	.avi	AVI(Audio Video Interleaved,音频视频交错文件)格式允许视频和音频同步播放,但 AVI 不具备兼容性。不同压缩标准生成的 AVI 文件,必须使用相应的解压缩算法才能播放
MPEG 格式	.mpg	MPEG 是压缩视频的基本格式,常用于视频的压缩,压缩比最高可达到 200∶1。它的压缩和解压缩速度都非常快,解压缩速度几乎可以达到实时的效果。另外,MPEG 格式文件在计算机上有统一的标准格式,兼容性也相当好
QuickTime 格式	.MOV	QuickTime 是 Apple 公司开发的一种音频和视频文件格式,用于保存音频和视频信息文件。QuickTime 文件格式定义了存储数字媒体内容的标准方法,不仅可以存储单个媒体内容,而且能保存对该媒体作品的完整描述
RM 格式	.RM	RM(Real Media)是 Real Networks 公司开发的一种流式文件格式。它可根据网络数据传输速率的不同制订不同的压缩比率,实现在低速率的广域网上进行影像数据的实时传送和播放,RM 格式可以拥有很高的压缩比,但画面质量却损失不大
ASF 格式	.ASF 或 .WMV	ASF(Advanced Streaming Format)格式是微软公司开发的一种可直接在网上观看视频节目的视频文件压缩格式。视频部分采用先进的 MPEG-4 压缩算法,其压缩率和画面质量都不错。这种格式的主要优点包括本地或网络回放、可扩充的媒体类型、文件下载以及扩展性等

3) 格式转换工具 Format Factory

人们日常中使用到的音频或视频文件通常都有不同的格式类型,而不同的硬件设备也有不同的格式文件,如果要想这些不同的格式类型的文件在硬件设备上进行播放,只有将这些文件进行转换才行,格式工厂是一套由国人开发的,并免费使用任意传播的多媒体格式转换软件。

　　格式工厂在安装完毕后,双击桌面图标即可启动软件,软件在启动完毕后即可显示软件界面。格式工厂界面非常简单,如图3.89所示。

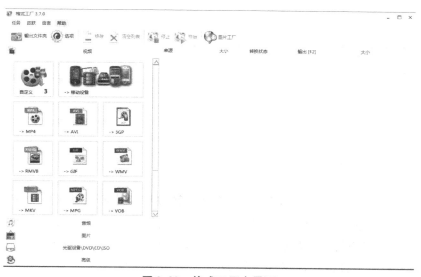

图3.89　格式工厂主界面

　　如果要对其进行视频格式转换的话,单击软件左侧功能目标列表视频按钮即可,如要把一个. AVI 的视频转换为. MPG 格式。可单击视频下的"->MPG"按钮,系统将弹出如图3.90所示的窗口,在该窗口中可通过"输出配置"按钮进行进一步详细配置,可通过"添加文件"按钮添加要转换的视频文件,在添加完文件后单击"确定"按钮返回主界面。如图3.91所示。

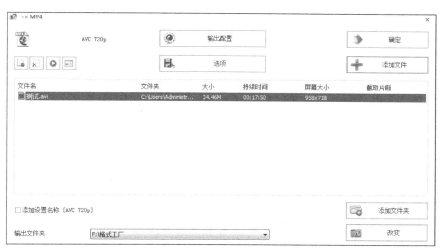

图3.90　详细配置窗口

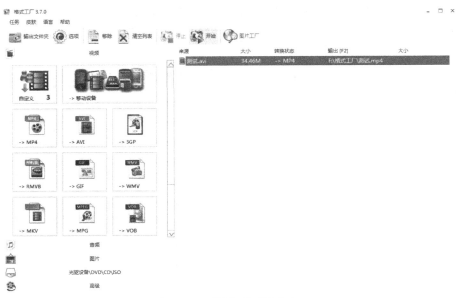

图 3.91　配置完成后的主窗口

单击"开始"按钮,系统开始进行转换,等待一定时间后,转换即可完成。该软件还提供了音频转换,转换方法与视频转换相同,更有趣的是该软件还提供图像格式转换,其中有PNG、GIF 和 JPG 等多种格式,如图 3.92 所示。

图 3.92　格式工厂图片转换界面

用户只需选择要转换的格式类型即可,软件即会自动跳出提示窗口提示用户进行操作,操作方式与视频转换相同。总体来说,这款格式转换软件还是非常实用的,有了这款格式转换软件,用户就可以任意对想要的视频或音频格式类型进行转换。

3.4.5 思考与创新训练

1)思考

①多媒体技术有哪些社会需求？

②多媒体技术的定义说明了哪几个问题。

③什么是流媒体？

④媒体的类型有哪些？各自具有什么特点？

⑤多媒体技术有哪些基本特征？

2)创新训练

选题:三人一组自主选题,完成图片处理、视频拍摄、后期效果处理,提交一份视频作业。

考核方式:采取课内展示,时间要求 3～5 min。

单元4　信息传输技术

信息传输技术是信息技术的一个重要组成部分,是计算机技术领域中应用非常活跃的领域之一。掌握一定的信息传输基础知识与操作技能是每一个现代人的基本需求。本单元将介绍计算机网络的相关知识,包括网络的构成、局域网和 Internet,"互联网+"时代信息的传输模式等,通过本单元的学习有助于更好地理解和掌握信息传输技术。

任务 1　计算机网络技术认知

➡引导案例

重庆某装饰设计公司原有一台用于处理办公文档、图纸设计等的计算机,现又增加了多台计算机。实际工作中,经常需要把不同计算机绘制的图纸通过 U 盘等复制到另一台计算机上进行其他操作,非常不方便。如何组建小型局域网实现文件共享,帮装饰设计公司组建局域网后,可通过网络实现软件、资料等资源的共享,提高他们的工作效率。

想一想:通过案例分析,如何组建一个小型的局域网,来完成办公网络资源的共享?

➡任务目标

通过本任务的学习应掌握以下内容:

- 计算机网络的概念及系统组成;
- 计算机网络的分类与拓扑结构;
- 组建小型局域网;
- "互联网+"时代信息的传输模式。

4.1.1 计算机网络概述

1)计算机网络的定义

从整体上来说,计算机网络就是把分布在不同地理区域的计算机与专门的外部设备用通信线路互联成一个规模大、功能强的系统,从而使众多的计算机可以方便地互相传递信息,共享硬件、软件和数据信息等资源。简单来说,计算机网络就是由通信线路互相连接的许多自主工作的计算机构成的集合体。

最简单的计算机网络就只有两台计算机和连接它们的一条链路,即两个节点和一条链路。

2)计算机网络的系统组成

计算机网络是由网络硬件系统和网络软件系统构成的。

（1）网络硬件系统

硬件系统是指构成计算机网络的硬设备,包括各种计算机系统、终端及通信设备。常见的网络硬件有以下几种。

①服务器。它是指局域网中,一种运行管理软件以控制对网络或网络资源（磁盘驱动器、打印机等）进行访问的计算机,并能够为在网络上的计算机提供资源使其犹如工作站那样地进行操作。

②终端。它是指网络与最终用户接触用以实现网络应用的各种设备。

③传输介质。它是指在网络中传输信息的载体,常用的传输介质分为有线传输介质和无线传输介质两大类。

④网卡。计算机与外界局域网的连接是通过主机箱内插入一块网络接口板（或者是在笔记本电脑中插入一块 PCMCIA 卡）。网络接口板又称通信适配器、网络适配器（adapter）或网络接口卡（Network Interface Card，NIC）,但是现在更多的人愿意使用更为简单的名称"网卡"。

⑤集线器。它是指作为网络中枢连接各类节点,以形成星状结构的一种网络设备,如图4.1 所示。

⑥交换机。它是指网络节点上话务承载装置、交换级、控制和信令设备以及其他功能单元的集合体。交换机能把用户线路、电信电路和（或）其他要互连的功能单元根据单个用户的请求连接起来,如图4.2 所示。

图4.1　集线器

图4.2　交换机

图4.3　路由器

⑦路由器。它是指为信息流或数据分组选择路由的设备,如图4.3所示。

(2)网络软件系统

网络软件主要包括网络通信协议、网络操作系统和各类网络应用系统。

①服务器操作系统。网络操作系统(NOS),是多任务、多用户的操作系统,安装在网络服务器上,提供网络操作的基本环境。网络操作系统的功能:处理器管理、文件管理、存储器管理、设备管理、用户界面管理、网络用户管理、网络资源管理、网络运行状况统计、网络安全性的建立和网络通信等。

服务器操作系统有 Windows Server(Windows NT Server 4.0、Windows 2000 Server、Windows Server 2003、Windows Server 2003 R2、Windows Server 2008、Windows Server 2008 R2、Windows Server 2012)、Linux(CentOS 5.6、CentOS 6.4、RedHat 系列等)、Unix Server 和 Netware 等,但比较常用的还是 Windows Server 和 Linux 操作系统。

②网络通信协议。网络中进行数据交换而建立的规则、标准或约定的集合。在通信时,双方必须遵守相同的通信协议才能实现。网络协议有三要素:语法、语义和交换规则(同步、定时)。

3)资源子网和通信子网

从逻辑功能上可把计算机网络分为两个子网:资源子网和通信子网。

(1)资源子网

资源子网提供访问网络和处理数据的能力,由主机系统、终端控制器和终端组成。主机系统负责本地或全网的数据处理,运行各种应用程序或大型数据库,向网络用户提供各种软硬件资源和网络服务。终端控制器把一组终端连接到通信子网,并负责对终端的控制及终端信息的接收和发送。用户通过资源子网不仅共享通信子网的资源,而且还可以共享用户资源子网的硬件资源和软件资源。

(2)通信子网

通信子网由网络中的各种通信设备和用作信息交换的节点计算机构成。系统以通信子网为中心,通信子网处于网络的内层。通信子网的重要任务是负责全网的信息交换,它采用的是分组交换技术(也就是存储转发技术)。

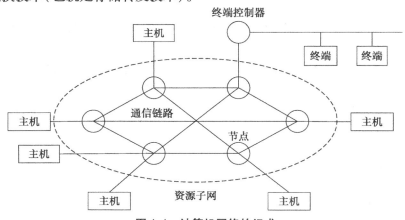

图4.4 计算机网络的组成

（3）网络节点和通信链路

从图4.4拓扑结构看,计算机网络就是由若干网络节点和连接这些网络节点的通信链路组成。计算机网络中的节点又称网络单元,一般可分为三类:访问节点、转接节点和混合节点。

通信链路是指两个网络节点之间承载信息和数据的线路。链路可用各种传输介质实现,如双绞线、同轴电缆、光缆、卫星、微波等无线信道。通信链路又分为物理链路和逻辑链路。

4）计算机网络的分类

按覆盖的地理范围进行分类,计算机网络可以分为局域网、城域网和广域网三类。

（1）局域网（LAN）

局域网是一种在小区域内使用的,由多台计算机组成的网络,覆盖范围通常局限在10 km之内,属于一个单位或部门组建的小范围网。

（2）城域网（MAN）

城域网是作用范围在广域网与局域网之间的网络,其网络覆盖范围通常可以延伸到整个城市,借助通信光纤将多个局域网联通公用城市网络形成大型网络,不仅使局域网内的资源可以共享,而且局域网之间的资源也可以共享。

（3）广域网（WAN）

广域网是一种远程网,涉及长距离的通信,覆盖范围可以是一个国家或多个国家,甚至是整个世界。由于广域网地理上的距离可以超过几千千米,因此信息衰减非常严重。这种网络一般要租用专线,通过接口信息处理协议和线路连接起来,构成网状结构,解决寻径问题。

5）计算机网络的拓扑结构

计算机网络的拓扑结构是把网络中的计算机和通信设备抽象为一个点,把传输介质抽象为一条线,由点和线组成的几何图形就是计算机网络的拓扑结构。

计算机网络的拓扑结构主要是指通信子网的拓扑结构,常见的一般分为以下几种:总线型拓扑结构、星型拓扑结构、环型拓扑结构、树型拓扑结构等。

4.1.2　因特网概述

因特网（Internet）是由许多小的网络（子网）互联而成的一个逻辑网,每个子网中连接若干台计算机（主机）。Internet以相互交流信息资源为目的,基于一些共同的协议,并通过许多路由器和公共互联网而成,它是一个信息资源和资源共享的集合。

Internet最早起源于美国国防部高级研究计划局（Advanced Research Project Agency,ARPA）建立的军用计算机网络ARPANET,它是利用分组交换技术将斯坦福研究所、加州大学圣巴巴拉分校、加州大学洛杉矶分校和犹他大学连接起来,于1969年开通。ARPANET被公认为世界上第一个采用分组交换技术组建的网络,是现代计算机网络诞生的标志。

1)WWW

万维网(World Wide Web,WWW)也称全球信息网或者Web,是一种基于HTTP协议的网络信息资源,是建立在超文本、超媒体技术基础上,集文字、图形、图像、声音为一体,以直观的图形界面展现和提供信息的网络信息资源。由于其使用简单、功能强大,目前是Internet上发展最快、规模最大、资源最丰富的一种网络信息资源形式,是Internet信息资源的主流。

2)TCP/IP 协议

Internet是由众多运行不同操作系统的不同类型计算机连接而成的计算机互联网络,为使这些计算机之间能协同工作,共享彼此的资源,就必须使Internet上有一套用来规范网络的通信语言,即网络协议。TCP和IP就是这套协议中最基本、最重要的两个协议。

TCP是传输控制协议(Transfer Control Protocol,TCP)的缩写,IP是网际协议(Internet Protocol,IP)的缩写,TCP/IP协议是Internet得以存在的技术基础。TCP/IP协议使信息以数据的形式在网络上传输。当网络用户将信息发往其他计算机时,TCP协议负责将完整的信息分成若干个数据包,并在数据包的前面加入收发结点的信息,然后由IP协议负责将不同的数据包送往接收端,不同的包可能经过的路径不同,在接收端再由TCP协议将数据从包中取出,还原成初始的信息。

TCP/IP协议是一组协议集合的名称,因为在这个协议集合中最重要的是TCP和IP协议,故该协议集合被命名为TCP/IP协议。协议集合中还包括许多其他的协议,如支持E-mail功能的简单邮件传输协议(Simple Mail Transfer Protocol,SMTP),邮局协议(Post Office Protocol,POP),支持FTP功能的文件传输协议(File Transfer Protocol,FTP),支持WWW功能的超文本传输协议(Hyper Text Transfer Protocol,HTTP)等。

TCP/IP协议遵守四层的模型概念:应用层、传输层、互联层和网络接口层。

①网络接口层:对实际的网络媒体的管理,定义如何使用实际网络(如Ethernet、Serial Line等)来传送数据。

常见的接口层协议有:Ethernet 802.3、Token Ring 802.5、X.25、Frame relay、HDLC、PPP ATM等。

②互联层:负责提供基本的数据封包传送功能,让每一块数据包都能够到达目的主机(但不检查是否被正确接收)。主要协议有IP协议。

③传输层:提供了节点间的数据传送服务,如传输控制协议(TCP)、用户数据报协议(UDP)等,TCP和UDP给数据包加入传输数据并把它传输到下一层中,这一层负责传送数据,并且确定数据已被送达并接收。主要协议有传输控制协议TCP和用户数据报协议UDP(User Datagram Protocol)。

④应用层:应用程序间沟通的层,如简单电子邮件传输(SMTP)、文件传输协议(FTP)、网络远程访问协议(Telnet)等。主要协议有 FTP、TELNET、DNS、SMTP、RIP、NFS和 HTTP。

3)IP 地址

Internet 是基于 TCP/IP 协议的网络,网络中的每个结点(服务器、工作站、路由器)必须有一个唯一的地址,用来保证通信时准确无误。它是网络位置的唯一标识,称为 IP地址。

IP 地址分为 IPv4 和 IPv6 地址,现在的 IP 网络使用 IPv4 的 32 位地址,以点分十进制表示,如 172.16.0.0。地址格式为 IP 地址=网络地址+主机地址或 IP 地址=主机地址+子网地址+主机地址。IPv6 的 128 位地址通常写成 8 组,每组为 4 个十六进制数的形式。如 AD80:0000:0000:0000:ABAA:0000:00C2:0002 是一个合法的 IPv6 地址。

4)域名(DNS)

在网上辨别一台计算机的方式是利用 IP 地址。一组 IP 地址数字很不容易记忆,因此为网上的服务器取一个有意义又容易记忆的名字,这个名字的地址就是域名地址(Domain Name Server)。由于真正区分机器的还是 IP 地址,因此当用户输入域名后,浏览器必须要先去一台有域名和 IP 地址相互对应的数据库的主机中查询这台计算机的 IP 地址,这台被查询的主机称为域名服务器(Domain Name Server, DNS)。

入网的每台主机都具有与下列结构类似的域名:主机名.机构名.网络名.最高层域名。域名地址和 IP 地址之间一般存在一一对应关系,但也有两个域名地址对应一个 IP 地址或域名地址不变而 IP 地址改变的情况。Internet 上通过域名服务器将域名地址转换为与其对应的 IP 地址。

域名分为顶级域名、二级域名、三级域名和注册域名。

顶级域名又分为两类:国家顶级域名(nTLDs),200 多个国家都按照 ISO 3166 国家代码分配了顶级域名,如中国.cn,美国.us 等。国际顶级域名(iTDs),工商企业.com,网络提供商.net,非营利组织.org 等。firm 公司企业,store 销售公司或企业,Web 突出 WWW 活动的单位,arts 突出文化、娱乐活动的单位,rec 突出消遣、娱乐活动的单位,info 提供信息服务的单位,nom 个人。

二级域名指顶级域名之下的域名,在国际顶级域名下,它是指域名注册人的网上名称,如 ibm、yahoo、microsoft 等;在国家顶级域名下,它是表示注册企业类别的符号,如 com、edu、gov、net 等。

三级域名用字母(A~Z,a~z,大小写等)、数字(0~9)和连接符(-)组成,各级域名之间用实点(.)连接,三级域名的长度不能超过 20 个字符。如无特殊原因,建议采用申请人的英文名(或者缩写)或者汉语拼音名(或者缩写)作为三级域名,以保持域名的清晰性和简洁性。

国际顶级中文域名"网址"正式全球开放注册。国际顶级中文域名". 网址"于 2011 年被列入 ICANN 首批中文域名申请名录。

5）统一资源定位器

统一资源定位器（Uniform Resource Locator，URL）采用一种统一标准的格式指明 Internet 上信息资源的位置，Internet 通过 URL 将世界上的联机信息资源组织成有序的结构。URL 不仅用于 HTTP 协议，还可用于 FTP、Telnet 等协议。URL 的地址格式如下：应用协议类型：//服务器的主机名（域名或 IP 地址）/路径名/……/。

文件名如 ftp://ftp. Pku. edu. cn/pub/dos/readme. txt 表示通过 FTP 协议，从中国教育与科研网中的北京大学 FTP 服务器上获取 pub/dos 路径下的 readme. txt 文件。

6）超文本标记语言（HTML）

超文本标记语言（Hyper Text Markup Language，HTML）是一种专门的编程语言，具体规定和描述了文件显示的格式。它是 Web 的描述语言，用于编制通过 WWW 方式显示的超文本文件。它是 WWW 文件所采用的简单标记语言。

4.1.3 "互联网+"时代信息的传输模式

互联网络已经成为人们生活中不可或缺的工具，当人们利用网络进行各种各样的信息活动时，同样会面对因各种消极信息传播所带来的非意愿后果的问题。

网络信息传播，是指以多媒体、网络化、数字化技术为核心的国际互联网网络信息传播，是电子传播方式的一种，是现代信息革命的产物。它在促进传统信息传播媒体变革与转型的同时也改变了广大民众获取信息、接收信息、传播信息的方法和渠道，其信息传播模式、传播途径和传播内容等均呈现出新的特点。

1）以网络传播的基本网络传播模式

将网络传播的基本要素——传播者、接受者、信息、媒介和噪声等进行概括，得到网络传播的一个基本模式。以网络传播的基本模式是对网络传播过程的一个粗略的概括。

这种模式虽然不能完全展示出网络传播的复杂性，不能明确反映出各个阶段中不同的外在因素是如何作用于传播过程的，但是它给人们展示了网络中信息是如何流动的，可以帮助人们理解网络传播的过程。

2）以互联网传输速率区别的网络传播模式

在互联网络中传播的传统模式及社会影响在窄带网络时代，人们上网方式多数通过电话线拨号上网，其一大特点就是速度慢。带宽的加大使单位时间内获得的网络节点数量必然增多，而网络中提供的媒介也不断丰富。

这种模式下网络的传播方式存在缺陷:未能够考虑到人与人之间的差异而导致获取不准确;未能在网络中发挥人的作用,人在网络中属于被动的主体。

3)以计算机网络为传播媒介的网状网络传播模式

网络传播以计算机网络为传播媒介,可以是一对一,也可以是一对多或者多对多、多对一,呈网状分布。呈网状分布的网络传播是无中心和没有边际的,也就无所谓覆盖面的问题。

网络传播中每个传播主体既是传播者又是接受者,同时每个传播主体又受到个体的人格结构、所处的基本群体和社会环境因素的制约。

4)以信息交换为中心的网络传播模式

这种模式是指以宏观的、整体的眼光所抽象出来的,通过信息交换中心(如电信局或网站等)连接各个信息系统进行信息创造、分享、互动的结构形式,即网络信息在终端机、信息交换设备、信息库、大众媒介、社会服务等因素中的传播方式。随着传播科技的进步以及认识的扩大和深入,它应进一步加以补充和完善。

5)以六度传播方式为基础的网络传播模式

六度传播是指网络信息传播也表现为六度分隔理论。简单地说,六度分隔理论认为在人际脉络中,要结识任何一位陌生的朋友,这中间最多只要通过6个朋友就能达到目的。

参与者参与网络信息传播的过程后,可以通过网络与大量的其他的参与者进行信息传递和交流。信息的传递可以通过电子邮件、网页、论坛、聊天室、视频和音频等。网络信息传播的接受者根据自己需要获得或者传播的信息类型和自己对传播方式的喜好而选择不同的传播方式。

6)以手机为载体的"手机+互联网"的网络传播模式

随着技术的进步,手机的通信模式也开始发生革命性的改变。手机不再仅仅是人际通信工具,而是变身为无线传播的终端。新型手机代表的是一种新的"手机+互联网"的传播模式。这种新的传播模式与以往人们所说的"基于WAP的移动互联网"传播模式不太一样,与基于短信方式进行传播的"移动数据服务"更是大相径庭。

在这种新的"手机+互联网"传播模式下用户有权更加主动地选择信息,互联网为用户开启了海量信息的大门,旧有的基于短信的无线增值服务将可能被互联网上的免费服务取代。

另外,手机的智能化也会进一步帮助手机过滤无关的垃圾信息。互联网上对垃圾邮件的过滤已经有了十分完善的解决方案,只要稍作修改,就能移植到手机平台之上,从而帮助用户过滤掉大多数无用的垃圾短信。

4.1.4　思考与创新训练

1）思考

某公司新购买了一台 HP 新型打印机,并将其连接在了员工小刘的计算机上。在使用过程中发现,只能通过小刘的计算机打印,其他员工的计算机要打印文件时,需要先把文件通过网络共享复制到小刘的计算机中,再进行打印,这样极为不便。请分析一下,如何让打印机像文件夹等其他资源一样实现共享?

2）创新训练

假设你是公司的员工,请你为公司设计一个解决方案,让员工小刘的打印机也可以像文件夹一样在网络中共享给其他员工使用。

网络组建设计方案包含以下关键点:

①网络设计解决方案包括硬件设计(3 台以上计算机连接小刘的计算机),采用图片匹配文字形式展现。

②分析打印机共享与文件夹共享有何区别。

格式要求:采用 PPT 的形式展示。

考核方式:采取课内发言,时间要求 3 ~ 5 min。

任务 2　通信技术认知

➡ 引导案例:

未来 20 年,人类社会将迎来数字化社会的下一波浪潮,其最重要的特征就是大数据和智慧化。互联网化将融入人们的思维方式,移动网络和无线终端带来的便利将成为人们基本的生存方式,无边界、无约束的工作方式将成为一种新的企业组织形态。今天的无线网络已经在改变人类沟通和获取信息的方式,随时随地、无所不在的移动接入网络正在推动着电信产业的变革,在不远的将来,无线接入将成为主要甚至是唯一的接入方式。5G 无线技术将通过一个灵活、可靠、安全的无线网络把所有应用、任何服务、任何东西连接到一起,如人、物体、过程、内容、知识、信息和物品等,为其提供全真的虚拟现实高质量感受。这一颠覆性的愿景对无线通信带来了全新的挑战,需要重新思考、重新构架、重新设计当前的网络,从而实现无所不在的、超宽带下一代网络基础架构,以驾驭未来互联网的演变。尤其是**虚拟化和云计算**等技术将大幅提升未来无线网络的能力,网络将以前所未有的宽带速率提供高质量的业务。

> **想一想**:现有的手机4G网络满足我们的极速手机上网其实已经绰绰有余:刷微博或者朋友圈,文字图片加载很快,上个网页也不用像2G时代一样盯着加载条发呆,偶尔看个短视频,月底清流量看个高清视频也都不会卡顿,玩个手游延迟基本也能维持在100 ms以下。现在4G用着就挺舒服,要5G有用吗?

⊥ 任务目标

通过本任务的学习应掌握以下内容:
- 现代通信技术;
- 数据通信技术相关知识;
- 移动通信技术相关知识。

4.2.1 通信技术概述

通信技术实际上就是通信系统和通信网的技术。通信系统是指点对点通信所需的全部设施,而通信网是由许多通信系统组成的多点之间能相互通信的全部设施。从国外通信技术的发展看,大约从20世纪70年代开始,通信即进入现代通信的新时代,现代通信技术包括数字通信技术、程控交换技术、信息传输技术(计算机传输)和通信网络技术等。

1)数字通信技术

数字通信即传输数字信号的通信,是通过信源发出的模拟信号经过数字终端的信源编码成为数字信号,终端发出的数字信号经过信道编码变成适合与信道传输的数字信号,然后由调制解调器把信号调制到系统所使用的数字信道上,经过相反的变换最终传送到信宿。数字通信以其抗干扰能力强,便于存储、处理和交换等特点,已经成为现代通信网中的最主要的通信技术基础,广泛应用于现代通信网的各种通信系统。

相关技术包括模拟/数字信号转换技术、数字滤波(去干扰)、编码技术、数字通信技术(包括有线和无线,有线包括各种通信接口的相关技术,如RS232、USB协议,无线根据频段又分为蓝牙技术、802.11b/g技术、微波技术等)等。

2)程控交换技术

程控交换技术是指人们用专门的计算机根据需要把预先编好的程序存入计算机后完成通信中的各种交换。以程控交换技术发展起来的数字交换机处理速度快,体积小,容量大,灵活性强,服务功能多,便于改变交换机功能,便于建设智能网,向用户提供更多、更方便的电话服务,还能实现传真、数据、图像通信等交换,它由程序控制,是由时分复用网络进行物理上电路交换的一种电话接续交换设备。常见结构有集中控制、分散控制或两者结合。技术指标有很多,主要为 BHCA/呼损接通率,无故障间隔时间等。

随着电信业务从以话音为主向以数据为主转移,交换技术也相应地从传统的电路交换技术逐步转向给予分组的数据交换和宽带交换,以及向基于 IP 的软交换方向发展。

就控制方式而论,程控电话交换机主要应用分为分布线逻辑控制(WLC)和存储程序控制(SPC)两大类。

3)信息传输技术(计算机传输)

它主要是指一台计算机向远程的另一台计算机或传真机发送传真、一台计算机接收远程计算机或传真机发送的传真、两台计算机之间屏幕对话及两台计算机之间实现文件传输,即 EDI(Electronic Data Interchange)技术。

现代计算机信息传输技术的蓬勃发展,现代信息传输带来了一场深刻的革命,享受 ISP 提供的 Internet 服务是信息传输的最广泛、发展最快的有效途径,它是现代计算机技术和现代通信技术的有机结合,促进了现代信息传输技术的发展,尤其近十多年,以 HTML 语言为基础的 WWW 技术的广泛应用,使信息服务进入前所未有的发展热潮,并朝着多媒体方向发展。

4)通信网络技术

通信网是一种由通信端点、节(结)点和传输链路相互有机地连接起来,以实现在两个或更多的规定通信端点之间提供连接或非连接传输的通信体系。通信网按功能与用途不同,一般可分为物理网、业务网和支撑管理网 3 种。

物理网是由用户终端、交换系统、传输系统等通信设备所组成的实体结构,是通信网的物质基础,也称通信装备网。用户终端是通信网的外围设备,它将用户发送的各种形式的信息转变为电磁信号送入通信网络传送,或把通信网络接收到的电磁信号等转变为用户可识别的信息。交换系统是各种信息的集散中心,是实现信息交换的关键环节。传输系统是信息传递的通道,它将用户终端与交换系统之间以及交换系统相互之间连接起来,形成网络。

业务网是完成电话、电报、传真、数据、图像等各类通信业务的网络,是指通信网的服务功能,按其业务种类可分为电话网、电报网和数据网等。业务网具有等级结构,即在业务中设立不同层次的交换中心,并根据业务流量、流向、技术及经济分析,在交换机之间以一定的方式相互连接。

支撑管理网是为了保证业务网正常运行、增强网络功能,提高全网服务质量而形成的网络。在支撑管理网中传递的是相应的控制、监测及信令等信号,按其功能不同可分为信令网、同步网和管理网。信令网由信令点、信令转接点、信令链路等组成,旨在为公共信道信令系统的使用者传送信令。同步网为通信网内所有通信设备的时钟(或载波)提供同步控制信号,使它们工作在同一速率(或频率)上。管理网是为保持通信网正常运行和服务所建立的软、硬系统,通常可分为话务管理网和传输监控网两部分。

5)数据通信与数据网

数据通信是通信技术和计算机技术相结合而产生的一种新的通信方式。要在两地间传输信息必须有传输信道,根据传输媒体的不同,以有线与无线区分,但它们都是通过传输信道将数据终端与计算机联结起来,从而使不同地点的数据终端实现软、硬件和信息资源的共享。

信号是数据的电磁编码,信号中包含所要传递的数据。信号一般以时间为自变量,以表示消息(或数据)的某个参量(振幅、频率或相位)为因变量。信号按其自变量时间的取值是否连续,可分为连续信号和离散信号;按其因变量的取值是否连续,又可分为模拟信号和数字信号。

信号具有时域和频域两种最基本的表现形式和特性。时域特性反映信号随时间变化的情况;频域特性不仅含有信号时域中相同的信息量,而且通过对信号的频谱分析,还可以清楚地了解该信号的频谱分布情况及所占有的频带宽度。

由于信号中的大部分能量都集中在一个相对较窄的频带范围之内,因此人们将信号大部分能量集中的那段频带称为有效带宽,简称带宽。任何信号都有带宽,一般来说,信号的带宽越大,利用这种信号传送数据的速率就越高,要求传输介质的带宽也越大。

相关技术主要包括电缆通信技术、微波中继通信技术、光纤通信技术、卫星通信技术和移动通信技术。

4.2.2 数据通信技术

当今社会正处于一个信息和网络时代,人与人之间要经常互通信息,从一般意义上讲这就是通信(Communication)。通信是现代人们生活中不可缺少的一部分,它对社会发展产生深刻的影响,因而掌握通信技术具有十分重要的意义。通信的根本目的就是传递信息,由于现在的信息传输与交换大多是在计算机之间或计算机与外围设备之间进行,所以数据通信有时也称为计算机通信。

所谓数据通信是指依照通信协议,利用数据传输技术在两个功能单元之间传递数据信息。它可实现计算机与计算机、计算机与终端以及终端与终端之间的数据信息传递。通俗而言,数据通信是计算机与通信相结合而产生的一种通信方式和通信业务。从数据通信的定义可见,数据通信包含两方面的内容:数据传输和数据传输前后的处理(如数据的采集、交换、控制等)。数据传输是数据通信的基础,而数据传输前后的处理使数据的远距离交互得以实现。

1)信息、数据与信号

(1)信息

通信的目的是交换信息。一般认为信息是人们对现实世界事物存在方式或运动状态的某种认识。信息的载体可以是数值、文字、图形、声音、图像以及动画等。任何事物的存在都伴随着相应信息的存在,信息不仅能够反映事物的特征、运动和行为,还能够借助媒体传播和扩散。这里把"事物发出的消息、情报、数据、指令、信号等当中包含的意义"定义为信息。

(2)数据

数据是指把事件的某些属性规范化后的表现形式,可以被识别,也可以被描述。数据可分为模拟数据和数字数据两种。模拟数据:在时间和幅度上都是连续的,其取值随时间连续变化。数字数据:在时间上是离散的,在幅值上是经过量化的。一般是由"0""1"二进制代码组成的数字序列。

(3)信号

信号是数据的具体物理表现,是信息(数据)的一种电磁编码,具有确定的物理描述。信号中包含所要传递的信息。信号一般为自变量,以表示信息(数据)的某个参量为因变量。信息一般是用数据来表示的,而表示信息的数据通常要转变为信号进行传递。

2)模拟信号和数字信号

①模拟信号是指波高和频率是连续变化的信号。在模拟线路上,模拟信号是通过电流和电压的变化进行传输的,如图4.5所示。

图4.5　模拟信号图

②数字信号是指离散的信号,如计算机所使用的由"0"和"1"组成的信号。数字信号在通信线路上传输时要借助电信号的状态来表示二进制代码的值,如图4.6所示。

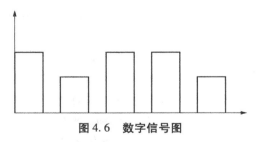

图4.6　数字信号图

3)基带信号和宽带信号

①基带信号是指将计算机发送的数字信号"0"或"1"用两种不同的电压表示后直接送到通信线路上传输的信号。

②宽带信号是指基带信号经过解调后形成的频分复用模拟信号。

4）信道及其分类

传输信息的必经之路称为信道,包括传输介质和通信设备。信道可以按不同的方法进行分类,常见的分类有以下几种。

①有线信道和无线信道;

②物理信道和逻辑信道;

③数字信道和模拟信道。

5）数据通信的传输介质

网络上数据的传输需要有"传输媒体",就像车辆必须在公路上行驶一样。道路质量的好坏会影响行车的安全舒适,同样,网络传输介质的质量好坏也会影响数据传输的质量。

通信(传输)介质是通信网络中发送方和接收方之间的物理通路。计算机网络通信中通常使用双绞线、同轴电缆、光纤等有线传输介质。另外,也经常利用无线电短波、微波、红外线、激光、卫星通信等无线传输介质。

6）数据传输模式

数据传输模式是指数据在通信信道上传送所采取的方式。按数据代码传输的顺序可分为并行传输和串行传输;按数据传输的同步方式可分为同步传输和异步传输;按数据传输的流向可分为单工、双工和全双工数据传输;按被传输的数据信号特点可分为基带传输、频带传输和数字数据传输。

（1）串行和并行传输

串行传输指数据在一个信道上一位一位地依次传输,数据线的数目与传输数据无关。在传输过程中,同一个字节的各个不同的位按顺序先后发送,在同一个信道上传输。在这种方式下,一个并行的数据被转换成一个二进制数据流。在这种传输模式下,传输速率明显低于并行传输,但它省去了大量的数据通道,降低了信道成本,而且利于远程传输。现在所用的网络都采用的是串行传输。

并行传输是一次可以传送一个字节(8位),发送方到接收方用8根线。在传输过程中同一个字节数据中的各个位同时传输,也就是一次传输一个字节,在时间上是同时的。采用这种方式,一位数据占用一条数据线,根据数据位的不同,需要不同的数据通道。最常见的是并行打印机,它一次传输一个字节,通过并行接口和计算机相连。数据线的数目与传输数据相同并可能多一条校验线。目前,计算机内部操作多用并行传输。

（2）串行通信与并行通信

串行通信是数据流以串行方式在一条信道上传输,由于计算机内部都采用并行通信,因此,数据在发送之前,要将计算机中的字节进行并/串变换,在接收方再通过串/并转换,还原成计算机的字符结构,才能实现串行通信,如图4.7所示。

串行通信的优点是收发双方只需要一条传输信道,易于实现,成本低,但速度比较慢。

网络中多采用这种传输方式。

并行通信是数据以成组的方式在多个并行信道上以并行传输的方式同时进行传输,如图 4.8 所示。

并行通信的优点是速度快,但发送方与接收方之间有若干条线路,导致费用高,仅适合于近距离和高速率的通信。

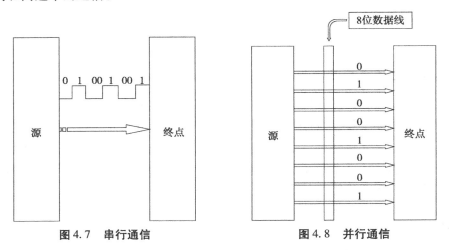

图 4.7　串行通信　　　　　　　　　　图 4.8　并行通信

(3)同步与异步传输

同步传输接收端按发送端发送的每个码元的起止时间及重复频率来接收数据,并且要校准自己的时钟以便与发送端的发送取得一致,实现同步接收,如图 4.9 所示。

数据传输的同步方式一般分为字符同步和位同步,字符同步通常是识别每一个字符或一帧数据的开始和结束;位同步则识别每一位的开始和结束。

同步传输方式适用于同一个时钟协调通信双方,传输速率较高。

图 4.9　同步传输示意图

异步传输中发送端可以在任意时刻发送字符,字符(信息帧)之间的间隔时间可以任意变化。该方法是将字符看作一个独立的传送单元,在每个字符的前后各加入 1~3 位信息作为字符的开始和结束标志位,以便在每一个字符开始时接收端和发送端同步一次,从而在一串比特流中可以把每个字符识别出来,如图 4.10 所示。异步传输实现字符同步比较简单,收发双方的时钟信号不需要精确地同步,数据传输效率低于同步传输。

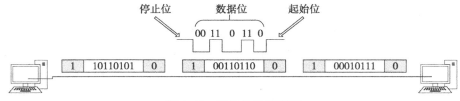

图 4.10　异步传输示意图

（4）单工、半双工和全双工通信

单工通信是指通信双方传送的数据是一个方向,不能反向传送。在单工通信中,信号只能向一个方向传输,任何时候都不能改变信号的传送方向,如图 4.11(a)所示。

半双工通信是指通信双方传送的数据可以双向传输,但不能同时进行,发送和接收共用一个数据通路,若要改变数据的传输方向,需要利用开关进行切换。在半双工通信方式中,信号可以双向传送,但必须交替进行,同一时间只能向一个方向传送,如图 4.11(b)所示。

全双工通信是指通信双方可以同时双向传输。显然全双工通信较前两种方式效率高、控制简单,但结构复杂,成本高。如电话是全双工通信,双方可以同时讲话,计算机与计算机通信也可以是全双工通信,如图 4.11(c)所示。

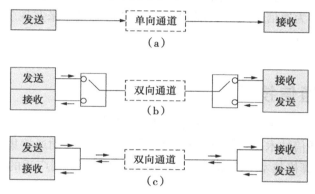

图 4.11   单工、半双工及全双工通信示意图

（5）基带传输、频带传输和数字数据传输

基带传输是指计算机(或终端)输出的二进制"1"或"0"的电压(或电流)直接送到电路的传输方式,即终端设备把数字信号转换成脉冲电信号直接传送。基带传输用于短距离的数据通信。

频带传输是指把代表二进制的"1"或"0"信号,通过调制解调器变成具有一定频带范围的模拟信号进行传输。频带传输可实现远距离的数据通信。

数字数据传输方式是利用数字信道传输数据信号的一种方式。这种方式效率高,传输质量好。

7）多分复用技术

为了充分利用传输介质,降低成本,提高有效性,人们提出了复用问题。多路复用是指在数据传输系统中,允许两个或多个数据源共享同一个公共传输介质,就像每一个数据源都有自己的信道一样,也就是将若干个彼此无关的信号合并为一个在一个共用信道上传输的复合信号的方法。

多路复用技术通常采用频分多路复用(FDM)、时分多路复用(TDM)和波分多路复用(WDM)。

（1）频分多路复用

频分复用是一种按频率来划分信道的复用方式,它将物理信道的总带宽分割成若干个互不交叠的子信道,每一个子信道传输一路信号。

（2）时分多路复用

时分多路复用是将一条物理线路按时间分成一个个互不重叠的时间片,每个时间片常称为一帧,帧再分为若干时隙,轮换地为多个信号所使用。每一个时隙由一个信号(一个用户)占用,该信号使用通信线路的全部带宽。时分多路复用分为同步时分多路复用和异步时分多路复用。

（3）波分多路复用

波分多路复用与频分多路复用使用的技术原理是一样的,与 FDM 技术不同的是,波分多路复用采用光纤作为通信介质,利用光学系统中的衍射光栅来实现多路不同频率(波长)光波信号的合成与分解。

4.2.3　移动通信技术

随着人们对通信的要求越来越高,在任何地方与任何人都能及时沟通联系、交流信息,这必须借助于新的通信技术,移动通信技术就是其一。现代移动通信集中了无线通信、有线通信、网络技术和计算机技术等许多成果,在人们的生活中得到广泛的应用,弥补了固定通信的不足。

移动通信,是指通信双方或至少有一方处于运动中进行信息传输和交换的通信方式。移动通信系统包括无绳电话、无线寻呼、陆地蜂窝移动通信和卫星移动通信等。移动体之间通信联系的传输手段只能依靠无线电通信,因此,无线通信是移动通信的基础,而无线通信技术的发展将推动移动通信的发展。

1）移动通信系统的组成

移动通信系统是移动体之间、移动体和固定用户之间以及固定用户与移动体之间,能够建立许多信息传输通道的通信系统。

移动通信包括无线传输,有线传输,信息的收集、处理和存储等,使用的主要设备有无线收发信机、移动交换控制设备和移动终端设备。

移动通信系统一般由移动台、基地站、移动业务交换中心以及与公用电话网相连接的中继线构成,如图 4.12 所示。

基地站和移动台(如手机)设有收、发及天线等设备,它们的工作方式是由移动通信网的具体情况决定的。如汽车调度等专用业务移动通信系统采用半双工制,而公用移动通信系统采用双工制。

基地站的发射功率、天线高度、数量同移动通信网服务覆盖区大小有关。

移动业务交换中心主要用来处理信息的交换和整个系统的集中控制管理。

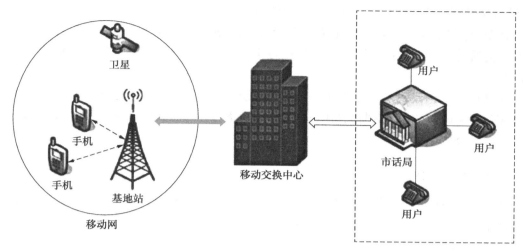

图 4.12　移动通信示意图

　　一个移动通信系统,它由多个基地站构成,从图 4.13 可以看出,在整个服务区内任意两个移动用户之间的通信都能够通过基地站、移动业务交换中心来实现,移动用户与市话用户之间的通信可以通过中继线与市话局的连接来实现,这样就构成了一个有线、无线相结合的移动通信系统。

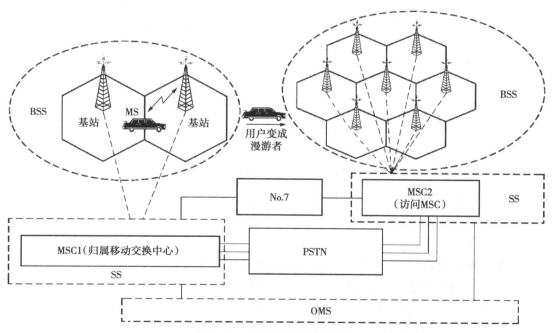

图 4.13　移动通信系统的组成

　　移动通信无线服务区由许多正六边形小区覆盖而成,呈蜂窝状,通过接口与公众通信网(PSTN、ISDN、PDN)互联。

　　移动通信系统包括移动交换子系统(SS)、操作维护管理子系统(OMS)、基站子系统

(BSS)和移动台(MS),是一个完整的信息传输实体。

移动通信中建立一个呼叫是由 BSS 和 SS 共同完成的;BSS 提供并管理 MS 和 SS 之间的无线传输通道,SS 负责呼叫控制功能,所有的呼叫都是经由 SS 建立连接的;OMS 负责管理控制整个移动网。

MS 也是一个子系统。它实际上是由移动终端设备和用户数据两部分组成的,移动终端设备称为移动设备;用户数据存放在一个与移动设备可分离的数据模块中,此数据模块称为用户识别卡(SIM)。

2)移动通信系统的分类

移动通信系统从使用情况来看,主要有蜂窝移动通信系统、专用业务移动通信系统、无线寻呼系统、无绳电话系统和卫星移动通信系统等。

(1)蜂窝移动通信系统

早期的移动通信系统是在其覆盖区域中心设置大功率的发射机,采用高架天线把信号发送到整个覆盖地区(半径可达几十千米),如图 4.14 所示。这种系统的主要缺点是同时能提供给用户使用的信道数极为有限,远远满足不了移动通信业务迅速增长的需要。

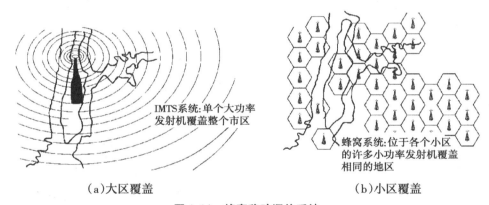

(a)大区覆盖　　　　　　　　　　(b)小区覆盖

图 4.14　蜂窝移动通信系统

蜂窝通信网络把整个服务区域划分成若干个较小的区域(cell,在蜂窝系统中称为小区),各小区均用小功率的发射机(即基站发射机)进行覆盖,许多小区像蜂窝一样能布满(即覆盖)任意形状的服务地区。

相邻小区不允许使用相同的频道,否则会发生相互干扰,称同道干扰。

蜂窝通信既能满足大的无线覆盖区和高速移动用户的要求,又能满足高密度、低速移动用户的要求,还能满足室内用户的要求,从而使蜂窝通信向个人通信发展。

(2)卫星移动通信系统

卫星移动通信系统是全球个人通信的重要组成部分,为全球用户提供大跨度、大范围、远距离的漫游和机动、灵活的移动通信服务,在偏远的地区、山区、海岛、受灾区、远洋船只及远航飞机等通信方面更具独特的优越性,但是同步通信卫星无法实现个人手机的移动通信。

解决这个问题可以利用中低轨道的通信卫星,比较典型的有"全球星系统"等。卫星移动通信系统的服务费用较高,目前还无法代替地面移动通信系统。

3)移动通信技术的发展

在过去的 10 年中,世界电信发生了巨大的变化,移动通信特别是蜂窝小区的迅速发展,使用户彻底摆脱终端设备的束缚、实现完整的个人移动性、可靠的传输手段和接续方式。

（1）第一代移动通信系统

第一代移动通信系统(1G)是在 20 世纪 80 年代初提出的,它完成于 20 世纪 90 年代初,如 NMT 和 AMPS,NMT 于 1981 年投入运营。第一代移动通信系统是基于模拟传输的,其特点是业务量小、质量差、安全性差、没有加密和速度低。

（2）第二代移动通信系统

第二代移动通信系统(2G)起源于 20 世纪 90 年代初期。欧洲电信标准协会在 1996 年提出了 GSM Phase 2+,目的在于扩展和改进 GSM Phase 1 及 Phase 2 中原定的业务和性能。它主要包括 CMAEL(客户化应用移动网络增强逻辑),S0(支持最佳路由)、立即计费,GSM 900/1800 双频段工作等内容,也包含与全速率完全兼容的增强型话音编解码技术,使话音质量得到了质的改进;半速率编解码器可使 GSM 系统的容量提高近一倍。尽管 2G 技术在发展中不断得到完善,但随着用户规模和网络规模的不断扩大,语音质量不能达到用户满意的标准,数据通信速率太低,无法在真正意义上满足移动多媒体业务的需求。

（3）第三代移动通信系统

第三代移动通信系统(3G)以宽带 CDMA 系统为主,所谓 CDMA,即码分多址技术。移动通信的特点要求采用多址技术,多址技术实际上就是指基站周围的移动台以何种方式抢占信道进入基站和从基站接收信号的技术,移动台只有占领了某一信道,才有可能完成移动通信。目前已经实用的多址技术有应用于第一代和第二代移动通信中的频分多址(FDMA)、时分多址(TDMA)和窄带码分多址(CDMA)3 种。FDMA 是不同的移动台占用不同的频率。TDMA 是不同的移动台占用同一频率,但占用的时间不同。第三代移动通信所采用的宽带 CDMA 技术完全能够满足现代用户的多种需要,能满足大容量的多媒体信息传送,具有更大的灵活性。

（4）第四代移动通信系统

与传统的通信技术相比,4G 通信技术最明显的优势在于通话质量及数据通信速度。4G 集 3G 与 WLAN 于一体,并能够传输高质量视频图像,它的图像传输质量与高清晰度电视不相上下。4G 系统能够以 100 Mbps 的速度下载,上传的速度也能达到 20 Mbps,并能够满足几乎所有用户对于无线服务的要求。4G 采用 OFDM(正交频分复用)技术,这种技术将被称为载波的不同频率中的大量信号合并成单一的信号,从而完成信号传送。4G 与 3G 之间的主要区别在于终端设备的类型、网络拓扑的结构以及构成网络的技术类型。

（5）第五代移动通信系统

5G 网络作为下一代移动通信网络，其最高理论传输速度可达每秒数十 GB，这比现行 4G 网络的传输速度快数百倍，整部超高画质电影可在 1 s 之内下载完成。随着 5G 技术的诞生，用智能终端分享 3D 电影、游戏以及超高画质（UHD）节目的时代已向我们走来。未来 5G 网络的传输速率最高可达 10 Gbps，与 4G 相比，5G 有着很大的优势：通过引入新的无线传输技术将资源利用率在 4G 的基础上提高 10 倍以上。5G 有六大关键技术，分别为高频段传输技术、新型多天线传输技术、同时同频全双工技术、D2D 技术、密集组网和超密集组网技术以及新型网络架构技术等。

4）移动通信的运营商（ISP）

ISP（Internet Service Provider），互联网服务提供商，即向广大用户综合提供互联网接入业务、信息业务和增值业务的电信运营商。在互联网应用服务产业链"设备供应商—基础网络运营商—内容收集者和生产者—业务提供者—用户"中，ISP/ICP 处于内容收集者、生产者以及业务提供者的位置。

中国有三大基础运营商：中国移动、中国联通、中国电信，还有北京歌华有线宽带、北京电信通、长城宽带、益家宽带、创威宽带、东南网络、E 家宽和方正宽带等运营商。

4.2.4 思考与创新训练

1）思考

未来每一个汽车上就有几十个传感器，能发现路况、拥堵情况，路边也会有很多传感器，可以更准确地"捕捉"城市的交通现状，也可以"捕捉"每个市民出行的状况。通过后台计算，给每一个出行的人优化出行路线。在 4G 时代虽然希望这样做，但技术上还跟不上，而 5G 时代就有可能实现这些。

现在人们在家里照顾老人、孩子，到医院看病等，未来 5G 时代会和智慧医疗很好地结合，通过高可靠、低时延的传输，将来远程医疗可以做得更加可靠，未来 5G 会提供给人们一个比较好的体验。随着个人所携带的个人设备如智能手机、平板、PC、智能手表、VR 等可穿戴设备的增加，这些设备之间，这些设备与家庭物品、社区物品如公共交通和物流工具等之间，将来都有望实现连接。

请分析 5G 时代万物互联后人们的生活会有什么样的改变？

2）创新训练

进入可以将一切连接起来的时代之后，为了保障个人信息与财产安全，防御各种犯罪和恐怖活动，需要更高层次的安全措施。否则不仅会造成个人隐私泄露、金融财产损失，而且还可能威胁到自动驾驶汽车、远程控制等相关人员的生命安全。远程医疗、车联网、智能工业控制等应用,由于它们的特殊性,需要非常可靠的信息传输以及非常低的传输时延。

以"5G是如何实现高网速低时延的?"为主题展开讨论,分析5G可能采用哪些技术,采用图片匹配文字形式展现。

格式要求:采用PPT的形式展示。

考核方式:采取课内发言,时间要求3~5 min。

单元5 信息存储与处理技术

在这个信息化高速发展的时代里,产生的信息越来越多,信息存储和信息需求的作用也越来越大。信息存储是把加工整理后的信息按照一定的顺序和格式存放在特定的载体中,方便日后用户快速准确地定位和检索信息,信息存储不是一个孤立的环节,始终贯穿信息处理工作的全过程。信息处理技术是指用计算机技术处理信息。计算机运行速度极高,能自动处理大量的信息,并具有很高的精确度。大数据时代的到来,面对海量数据,信息存储与处理技术必须不断创新和发展,才能适应当前不断变化的社会形势,才能为社会发展提供技术保障,才能让大数据更好地为人们的日常生活、企业的有序发展和社会经济稳定发展提供有力支撑。通过本单元的学习,可以了解常见的信息存储与处理技术,更好地适应信息社会。

任务 1 信息存储技术认知

引导案例

月初吃过一次牛排,月底快到了,二次消费有优惠的活动就来了;当你刚买好单,正准备坐在餐馆和朋友再聊会天时,一张 K 歌 5 折券及时发送到你手机上,提醒你下一步可以去唱歌……享受了优惠,消费者的心里很满足,你不知道的是,在这些优惠的背后都是精准营销在引导着你的消费行为。

越来越精准的促销推送,可不是巧合,这是商家根据大数据分析,描绘出你的消费习惯,并且在最合适的时间,将这些你很可能用得上的优惠送到了你面前。"在新技术和新渠道驱动之下,无论是商超、餐饮或是其他主流行业,都存在巨大的挖掘空间。"如果不知道顾客的消费习惯,促销活动很难达到最好的效果,而利用大数据分析,就可以让营销变得更精准有效。以菲滋超级牛排为例,口碑网曾做过一次调查,客人在吃过一次牛排后,在第 23 天回头客最多。"我们据分析发放二次促销券后,核销率比之前增长了 2 倍。"

在用户量达到 10 万以上后,这样的大数据分析就能得出消费的普遍规律。而由于支付宝用户都是实名注册,还有你的家人、亲戚甚至朋友的生活轨迹,得出的用户画像就更为清晰。如此精准的营销无疑也能让口碑的地推速度进一步加快。(以上内容来源于搜狐网)

> **想一想**:你生活中有无被精准营销的经历? 你觉得与你的消费行为或者个人喜好相近吗?
> 与大家分享一下吧。

✦任务目标

通过本任务的学习应掌握以下内容:

- 数据库和数据模型的概念;
- 数据库和数据仓库的基本工作原理;
- 数据库和数据仓库的区别及联系;
- 数据仓库和数据挖掘的基本原理和关系。

5.1.1　认识数据库

1)数据库

数据库(Data Base, DB)是按照数据结构来组织、存储和管理数据的建立在计算机存储设备上的仓库。数据库中的数据是按照一定的数据模型组织、描述和存储的,有较小的冗余度、较高的数据独立性和易扩展性。

简单来说,数据库本身可视为电子化的文件柜——存储电子文件的处所,用户可以对文件中的数据进行新增、截取、更新和删除等操作。

在经济管理的日常工作中,常常需要把某些相关的数据放进这样的"仓库",并根据管理的需要进行相应的处理。

如企事业单位的人事部门常常要把本单位职工的基本情况(职工号、姓名、年龄、性别、籍贯、工资、简历等)存放在表中,这张表就可以看成一个数据库。有了这个"数据仓库",人们就可以根据需要随时查询某职工的基本情况,也可以查询工资在某个范围内的职工人数等。这些工作如果都能在计算机上自动进行,那人事管理就可以达到极高的水平。此外,在财务管理、仓库管理、生产管理中也需要建立众多的这种"数据库",使其可以利用计算机实现财务、仓库、生产的自动化管理。

2)数据库基本概念

数据:描述事物的符号记录。数据包括文字、图形、图像及声音等。

数据库管理系统(Database Management System,DBMS):使用和管理数据库的系统软件,负责对数据库进行统一的管理和控制。所有对数据库的操作都交由数据库管理系统完成,这使数据库的安全性和完整性得以保证。

数据库管理员(Database Administrator,DBA):专门负责管理和维护数据库服务器的人。

数据库系统(Database Systems,DBS):由数据库及其相关应用软件、支撑环境和使用人员所组成的系统,专门用于完成特定的业务信息处理。数据库系统通常由数据库、数据库管理系统、数据库管理员、用户和应用程序组成。

3)数据库的特点

(1)数据结构化

数据库系统实现了整体数据的结构化,这是数据库最主要的特征之一。这里所说的"整体"结构化,是指在数据库中的数据不再仅针对某个应用,而是面向全组织;不仅数据内部结构化,而且整体式结构化,数据之间有联系。

(2)数据的共享性高、冗余度低、易扩充

因为数据是面向整体的,所以数据可以被多个用户、多个应用程序共享使用,这可以大大减少数据冗余,节约存储空间,避免数据之间的不相容性与不一致性。

(3)数据独立性高

数据独立性包括数据的物理独立性和逻辑独立性。

物理独立性是指数据在磁盘上的数据库中如何存储是由 DBMS 管理的,用户程序不需要了解,应用程序要处理的只是数据的逻辑结构,这样一来当数据的物理存储结构改变时,用户的程序不用改变。

逻辑独立性是指用户的应用程序与数据库的逻辑结构是相互独立的,也就是说,数据的逻辑结构改变了,用户程序也可以不改变。

数据与程序的独立,是指把数据的定义从程序中分离出去,加上存取数据是由 DBMS 负责提供,从而简化了应用程序的编制,大大减少了应用程序的维护和修改。

(4)数据由 DBMS 统一管理和控制

数据库的共享是并发的(concurrency)共享,即多个用户可以同时存取数据库中的数据,甚至可以同时存取数据库中的同一个数据。

4)常见的数据库模型

根据存储模型划分,数据库类型主要可分为层次模型、网状模型和关系模型。

(1)层次模型

层次模型将数据组织成一对多关系的结构,层次结构采用关键字来访问其中每一层次的每一部分。优点是存取方便且速度快;结构清晰,容易理解;数据修改和数据库扩展容易实现;检索关键属性十分方便。缺点是结构呆板,缺乏灵活性;同一属性数据要存储多次,数据冗余大(如公共边);不适合于拓扑空间数据的组织。图5.1是层次模型举例。

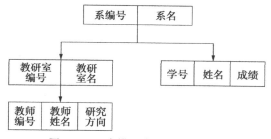

图5.1　层次模型表示组成结构图

(2)网状模型

网状模型用连接指令或指针来确定数据间的显式连接关系,是具有多对多类型的数据组织方式。优点是能明确而方便地表示数据间的复杂关系;数据冗余小。缺点是复杂的网状结构增加了用户查询和定位的困难;需要存储数据间联系的指针,使得数据量增大;数据的修改不方便(指针必须修改)。图5.2是网状模型举例。

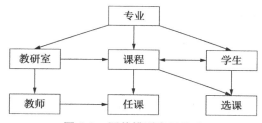

图5.2　网状模型表示关系

(3)关系模型

关系模型以记录组或数据表的形式组织数据,以便于利用各种地理实体与属性之间的关系进行存储和变换,不分层也无指针,是建立空间数据和属性数据之间关系的一种非常有效的数据组织方法。优点是结构特别灵活,概念单一,满足所有布尔逻辑运算和数学运算规则形成的查询要求;能搜索、组合和比较不同类型的数据;增加和删除数据非常方便;具有更高的数据独立性、更好的安全保密性。缺点是数据库大时,查找满足特定关系的数据费时;对空间关系无法满足。

关系的数据结构:关系模型采用二维表来表示。二维表由表框架和表的元组组成。表框架由多个命名的表属性组成。每个属性有一个取值范围称为值域。二维表中的每一行数据称为元组。图5.3是关系模型示例图。

关系操纵:关系模型的数据操纵是建立在关系上的数据操纵,一般有数据查询(基本单位是元组分量)、数据删除(基本单位是元组)、数据插入(基本单位是元组)和数据修改(基本单位是元组分量)4种操作。

关系中的数据约束:关系模型中提供实体完整性约束、参照完整性约束和用户完整性约束3种数据约束。

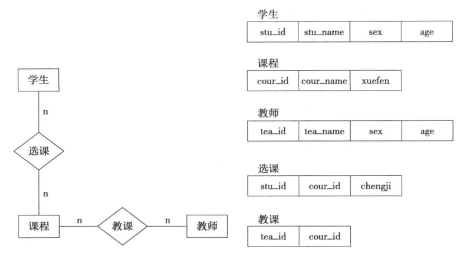

图 5.3　左边是关系,可以转化为右边的二维表

5）常见关系型数据库

常见的关系型数据库有 MySQL、SQL Server、Oracle、DB2 等。关系型数据库是目前最受欢迎的数据库管理系统,技术比较成熟。

（1）MySQL

MySQL 是目前最受欢迎开源的 SQL 数据库管理系统,与其他的大型数据库 Oracle、DB2、SQL Server 等相比,MySQL 虽然有它的不足之处,但丝毫也没有减少它受欢迎的程度。目前 MySQL 被广泛地应用在 Internet 上的中小型网站中。由于其体积小、速度快、总体拥有成本低,尤其是开放源码这一特点,许多中小型网站为了降低网站总体拥有成本而选择了 MySQL 作为网站数据库。

（2）SQL Server

SQL Server 是由微软公司开发的关系型数据库管理系统,一般用于 Web 上存储数据。SQL Server 提供了众多功能,如对 XML 和 Internet 标准的丰富支持,通过 Web 对数据轻松安全的访问,具有灵活的、安全的和基于 Web 的应用程序管理等,以及容易操作的操作界面,受到广大用户的喜爱。

（3）Oracle

Oracle 能在所有主流平台上运行,是目前世界上流行的关系数据库管理系统,系统可移植性好、使用方便、功能强,适用于各类大、中、小、微机环境。它是一种高效率、可靠性好的适应高吞吐量的数据库解决方案。

（4）DB2

DB2 是美国 IBM 公司开发的一套关系型数据库管理系统,主要应用于大型应用系统,具有较好的可伸缩性。

以上数据库中 Access 是小型数据库,MySQL、SQL Server 是中型数据库,Oracle、DB2、

Sybase 是大型数据库。图 5.4 是百度云的 TSDB 时序数据库,存储时序数据提高数据库性能。

图 5.4　百度云 TSDB 时序数据库

5.1.2　数据模型

1) 数据模型定义及构成

数据模型(Data Model)是现实世界数据特征的抽象,用于描述一组数据的概念和定义。数据模型是数据库中数据的存储方式,是数据库系统的基础。

数据模型能够促进业务与技术进行有效沟通,形成对主要业务定义和术语的统一认识,具有跨部门、中性的特征,可以表达和涵盖所有的业务。图 5.5 演示了现实世界转化为数据模型的过程。

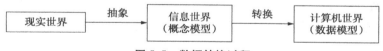

图 5.5　数据转换过程

无论是操作型数据库,还是数据仓库都需要数据模型组织数据构成,指导数据表设计。或许 Linux 的创始人 Torvalds 说的一句话——"烂程序员关心的是代码,好程序员关心的是数据结构和它们之间的关系"最能够说明数据模型的重要性。只有数据模型将数据有序地组织和存储起来之后,大数据才能得到高性能、低成本、高效率、高质量的使用。

一个逻辑数据模型是建立商业智能的基础框架,也是建立一个灵活的强有力的数据仓库系统的第一步,是为决策层和数据使用者提供有价值数据分析的重要基础,并且能够帮助数据标准的制定、数据治理、元数据管理和数据存储等方面的工作。

2) 数据模型的三要素

数据模型所描述的内容包括 3 个部分:数据结构、数据操作、数据约束。

(1) 数据结构

数据模型中的数据结构主要描述数据的类型、内容、性质以及数据间的联系等。数据结构是数据模型的基础,数据操作和约束都建立在数据结构上。不同的数据结构具有不同的操作和约束。

（2）数据操作

数据模型中数据操作主要描述在相应的数据结构上的操作类型和操作方式。

（3）数据约束

数据模型中的数据约束主要描述数据结构内数据间的语法、词义联系,以及它们之间的制约和依存关系,以及数据动态变化的规则,以保证数据的正确、有效和相容。

3）数据模型的类型

数据模型按不同的应用层次分为3种类型。

（1）概念数据模型

这是面向数据库用户的现实世界的数据模型,主要用来描述世界的概念化结构,它使数据库的设计人员在设计的初始阶段,摆脱计算机系统及数据库管理系统的具体技术问题,集中精力分析数据以及数据之间的联系等,与具体的数据库管理系统无关。概念数据模型必须换成逻辑数据模型,才能在数据库管理系统中实现。

（2）逻辑数据模型

这是用户在数据库中看到的数据模型,是具体的数据库管理系统所支持的数据模型,主要有网状数据模型、层次数据模型和关系数据模型3种类型。此模型既要面向用户,又要面向系统,主要用于数据库管理系统的实现。在数据库中用数据模型来抽象、表示和处理现实世界中的数据和信息,主要是研究数据的逻辑结构。

（3）物理数据模型

这是描述数据在存储介质上的组织结构的数据模型,它不但与具体的数据库管理系统有关,而且还与操作系统和硬件有关。每一种逻辑数据模型在实现时都有与其相对应的物理数据模型。数据库管理系统为了保证其独立性与可移植性,将大部分物理数据模型的实现工作交由系统自动完成,而设计者只设计索引、聚集等特殊结构。

4）逻辑数据模型类型

根据数据之间的联系,可将逻辑数据模型分为层次模型、网状模型和关系模型。

（1）层次模型

层次模型是一种树结构模型,把数据按自然的层次关系组织起来,以反映数据之间的隶属关系。层次模型是数据库技术中发展最早、技术上比较成熟的一种数据模型。它的特点是地理数据组织成有向有序的树结构,也称树形结构。结构中的结点代表数据记录,连线描述位于不同结点数据间的从属关系(一对多的关系)。

（2）网状数据模型

网状模型将数据组织成有向图结构,图中的结点代表数据记录,连线描述不同结点数据间的联系。这种数据模型的基本特征是结点数据之间没有明确的从属关系,一个结点可与其他多个结点建立联系,即结点之间的联系是任意的,任何两个结点之间都能发生联系,可表示多对多的关系。

(3)关系数据模型

由于关系数据库结构简单,操作方便,有坚实的理论基础,因此发展很快,20 世纪 80 年代以后推出的数据库管理系统几乎都是关系型的。涉及的基础知识包括:关系模型的逻辑数据结构、表的操作符、表的完整性规则和视图、范式概念。

关系模型可以简单、灵活地表示各种实体及其关系,其数据描述具有较强的一致性和独立性。在关系数据库系统中,对数据的操作是通过关系代数实现的,具有严格的数学基础。

5.1.3　数据仓库与数据挖掘

1)数据仓库定义及特点

数据仓库之父比尔·恩门在《建立数据仓库》一书中所提出的定义被广泛接受:数据仓库(Data Warehouse)是一个面向主题的、集成的、相对稳定的、反映历史变化的数据集合,用于支持管理决策。

数据仓库是在数据库已经大量存在的情况下,为了进一步挖掘数据资源、为了决策需要而产生的,并不是所谓的"大型数据库"。数据仓库的方案建设是以前端查询和分析作为基础,由于有较大的冗余,因此需要的存储空间也较大。

为什么要建立数据仓库? 企业建立数据仓库是为了填补现有数据存储形式已经不能满足信息分析的需要。数据仓库理论中的一个核心理念就是事务型数据和决策支持型数据的处理性能不同。

企业在它们的事务操作中收集数据。在企业运作过程中,随着订货、销售记录的进行,这些事务型数据也连续产生。为了引入数据,必须优化事务型数据库。

处理决策支持型数据时,一些问题经常会被提出:哪类客户会购买哪类产品? 促销后销售额会变化多少? 价格变化后或者商店地址变化后销售额又会变化多少呢? 在某一段时间内,相对其他产品来说哪类产品特别容易卖呢? 哪些客户增加了他们的购买额? 哪些客户又削减了他们的购买额呢?

事务型数据库可以为这些问题解答,但是它所给出的答案往往并不能让人十分满意。在运用有限的计算机资源时常常存在竞争。在增加新信息的时候人们需要事务型数据库是空闲的。而在解答一系列具体的有关信息分析的问题的时候,系统处理新数据的有效性又会被大大降低。另一个问题就在于事务型数据总是在动态的变化之中的。决策支持型处理需要相对稳定的数据,从而问题都能得到一致连续的解答。

数据仓库的解决方法包括:将决策支持型数据处理从事务型数据处理中分离出来。数据按照一定的周期(通常在每晚或者每周末),从事务型数据库中导入决策支持型数据库——"数据仓库"。数据仓库是按回答企业某方面的问题来分"主题"组织数据的,这是最有效的数据组织方式。

另外,企业日常运作的信息系统一般是由多个传统系统、不兼容数据源、数据库与应用所共同构成的复杂数据集合,各个部分之间不能彼此交流。建立数据仓库的目的就是要把这些不同来源的数据整合组织起来统一管理,从而做到数据的一致性与集成化,提供一个全面的、单一入口的解决方案。

根据以上描述,总结以下数据仓库特点:

（1）主题性

操作型数据库的数据组织面向事务处理任务,而数据仓库中的数据是按照一定的主题域进行组织。主题是指用户使用数据仓库进行决策时所关心的重点方面,一个主题通常与多个操作型信息系统相关。

（2）集成性

数据仓库的数据有来自分散的操作型数据,将所需数据从原来的数据中抽取出来,进行加工与集成,统一与综合之后才能进入数据仓库。

（3）稳定性

数据仓库中的数据主要为决策者分析提供数据依据。决策依据的数据是不允许进行修改的。即数据保存到数据仓库后,用户仅能通过分析工具进行查询和分析,而不能修改。数据的更新升级主要都在数据集成环节完成,过期的数据将在数据仓库中直接筛除。

（4）动态性

数据仓库数据会随时间变化而定期更新,不可更新是针对应用而言,即用户分析处理时不更新数据。每隔一段固定的时间间隔后,抽取运行数据库系统中产生的数据,转换后集成到数据仓库中。随着时间的变化,数据以更高的综合层次被不断综合,以适应趋势分析的要求。当数据超过数据仓库的存储期限,或对分析无用时,从数据仓库中删除这些数据。关于数据仓库的结构和维护信息保存在数据仓库的元数据（Metadata）中,数据仓库维护工作由系统根据其中的定义自动进行或由系统管理员定期维护。

同时数据仓库在效率、质量和扩展性方面要求很高。效率要求高,要求看到 24 小时的数据分析;质量要求高,否则错误的信息会导致错误决策,引起损失;扩展性要求高,考虑到未来 3~5 年的数据扩张,保证系统稳定运行。

2）数据仓库的数据来源

数据仓库从各数据源获取数据及在数据仓库内的数据转换和流动都可以认为是 ETL[抽取（Extra）,转化（Transfer）,装载（Load）]的过程,ETL 是构建数据仓库的重要一环,用户从数据源抽取出所需的数据,经过数据清洗,最终按照预先定义好的数据仓库模型,将数据加载到数据仓库中去。

ETL 是数据仓库的流水线,也可以认为是数据仓库的血液,维系着数据仓库中数据的新陈代谢,而数据仓库日常的管理和维护工作的大部分精力就是保持 ETL 的正常和稳定。

3）数据处理

数据仓库基于维护细节数据的基础对数据进行处理,使其真正地能够应用于分析。它主要包括以下 3 个方面。

（1）数据的聚合

它指的是基于特定需求的简单聚合（基于多维数据的聚合体现在多维数据模型中），简单聚合可以是网站的总 Pageviews、Visits、Unique Visitors 等汇总数据,也可以是 Avg. time on page、Avg. time on site 等平均数据,这些数据可以直接地展示于报表上。

（2）多维数据模型

多维数据模型提供了多角度多层次的分析应用,比如基于时间维、地域维等构建的销售星形模型、雪花模型,可以实现在各时间维度和地域维度的交叉查询,以及基于时间维和地域维的细分。因此,数据仓库面向特定群体的数据集市都是基于多维数据模型进行构建的。

（3）业务模型

这里的业务模型指的是基于某些数据分析和决策支持而建立起来的数据模型,如前面介绍过的用户评价模型、关联推荐模型、RFM 分析模型等,或者是决策支持的线性规划模型、库存模型等;同时,数据挖掘中前期数据的处理也可以在这里完成。

4）数据仓库的数据应用

（1）报表展示

报表几乎是每个数据仓库必不可少的一类数据应用,将聚合数据和多维分析数据展示到报表中,提供最为简单和直观的数据。

（2）即时查询

理论上数据仓库的所有数据（包括细节数据、聚合数据、多维数据和分析数据）都应该开放即时查询,即时查询提供足够灵活的数据获取方式,用户可以根据自己的需要查询获取数据。

（3）数据分析

数据分析大部分基于构建的业务模型展开,当然也可以使用聚合的数据进行趋势分析、比较分析和相关分析等,而多维数据模型提供多维分析的数据基础;同时从细节数据中获取一些样本数据进行特定的分析也是较为常见的一种途径。

（4）数据挖掘

数据挖掘用一些高级的算法可以让数据展现出各种令人惊讶的结果。数据挖掘可以基于数据仓库中已经构建起来的业务模型展开,但大多数时候数据挖掘会直接从细节数据上入手,而数据仓库为挖掘工具诸如 SAS、SPSS 等提供数据接口。

在国内较优秀的互联网公司（如阿里、腾讯）里,很多数据引擎是架构在数据仓库之上的（如数据分析引擎、数据挖掘引擎、推荐引擎、可视化引擎等）。开发成本应更多集中在数据仓库层,不断加大数据建设的投入。因为一旦规范、标准、高性能的数据仓库建立好了,在之上进行数据分析、数据挖掘、运行算法等都是轻松惬意的事情。反之如果业务数据没梳理好,各种混乱数据会让人焦头烂额,苦不堪言。

5)数据挖掘

数据挖掘(Data Mining)是从大量的、不完全的、有噪声的、模糊的、随机的实际应用数据中,提取隐含在其中的、人们事先不知道的但又潜在有用的信息和知识的过程。

数据挖掘不同于传统的数据分析,如与查询、报表、联机应用分析的本质区别是数据挖掘是在没有明确假设的前提下去挖掘信息、发现知识。数据挖掘所得到的信息应具有先前未知、有效和实用3个特征,即数据挖掘是要发现那些不能靠直觉发现的信息或知识,甚至是违背直觉的信息或知识,挖掘出的信息越出乎意料就可能越有价值。而传统的数据分析趋势为从大型数据库抓取所需数据并使用专属计算机分析软件。因此数据挖掘与传统分析方法有很大的不同。

数据挖掘是一门交叉学科,把人们对数据的应用从低层次的简单查询,提升到从数据中挖掘知识,提供决策支持。在这种需求牵引下,汇聚了不同领域的研究者,尤其是数据库技术、人工智能技术、数理统计、可视化技术,并行计算等方面的学者和工程技术人员,投身到数据挖掘这一新兴的研究领域,形成新的技术热点。

6)数据仓库与数据挖掘的关系

数据仓库和数据挖掘都是数据仓库系统的重要组成部分,它们既有联系,又有区别。

(1)数据仓库与数据挖掘的联系

①数据仓库为数据挖掘提供了更好的、更广泛的数据源。

②数据仓库为数据挖掘提供了新的支持平台。

③数据仓库为更好地使用数据挖掘这个工具提供了方便。

④数据挖掘为数据仓库提供了更好的决策支持。

⑤数据挖掘对数据仓库的数据组织提出了更高的要求。

⑥数据挖掘为数据仓库提供了广泛的技术支持。

(2)数据仓库与数据挖掘的区别

①数据仓库是一种数据存储和数据组织技术,提供数据源。

②数据挖掘是一种数据分析技术,可针对数据仓库中的数据进行分析。

7)数据仓库与数据挖掘在商业领域中的应用及现实意义

(1)商品销售

商业部门把数据视作一种竞争性的财富可能比任何其他部门显得更为重要,为此需要把大型市场营销数据库演变成一个数据挖掘系统。科拉福特食品公司(KGF)是应用市场营销数据库的公司之一,该公司搜集购买它商品的3 000万个用户的名单,这是KGF通过各种促销手段得到的。KGF 定期向这些用户发送名牌产品的优惠券,介绍新产品的性能和使用情况。该公司体会到了解自己商品的用户越多,则购买和使用这些商品的机会也就越多,公司的营业状况也就越好。

（2）制造

许多公司不仅将决策支持系统用于支持市场营销活动,而且由于市场竞争越演越烈,这些公司已使用决策支持系统来监视制造过程,有制造商声称已经指示它的各个办事机构,在 3 年内把制造成本每年降低 25%。不言而喻,该制造商经常收集各部件供应商的情况。因为他们也必须遵循该制造商降低成本的战略。为了迎接来自各方的挑战,该制造商已拥有一套"成本"决策支持系统,可以监视各供应商提供的零部件成本,以实现所制定的价格目标,这种应用需要收集有关各厂商连续一年来的产品成本信息,以便确定这种组织方式能否满足原先制定的有关降价的战略目标。

（3）金融服务/信用卡

通用汽车公司（General Motors）已经采用信用卡——GM 卡,在该公司的数据库中已拥有 1 200 万个持有信用卡的客户。公司通过观察,可以了解他们正在驾驶什么样的汽车,下一步计划购买什么样的汽车及他们喜欢哪一类车辆。譬如说,一个持有信用卡的客户表示对一种载货卡车感兴趣,公司就可以向卡车部门发出一个电子邮件,并把该客户的信息告诉有关部门。

（4）远程通信

许多远程通信的大公司近来突然发现它们面临极大的竞争压力,这在几年前是不存在的。过去业务上并不需要它们密切注视市场动向,因为顾客的挑选余地有限,但是这种情况近来发生很大变化。各公司当前都在积极收集大量的顾客信息,向它们现有的客户提供新的服务,开拓新的业务项目,以扩大它们的市场规模。从这些新的服务中,公司在短期内就可以取得更大的效益。

数据仓库给组织带来了巨大的变化。数据仓库的建立给企业带来了一些新的工作流程,其他的流程也因此而改变。

5.1.4　思考与创新训练

腾讯分布式数据仓库（Tencent distributed Data Warehouse, TDW）,是腾讯工程技术事业群数据平台部基于开源软件研发的大数据处理平台,如图 5.6 所示。它基于 Hadoop、Hive、PostgreSQL 进行研发,并在开源软件的基础上做了大量的定制和优化。

目前,TDW 是腾讯内部规模最大的分布式系统,集中了腾讯内部各个产品的数据,为腾讯的各个产品提供海量数据存储和分析服务,包括数据挖掘、产品报表和经营分析等服务。TDW 是腾讯的首批对外开源软件,代码已经托管到 CSDN CODE 平台。

历时 4 年多的研发和运营,TDW 依次经历了数据仓库功能完善、易用性建设、高可用和稳定性加强,性能和成本优化,安全建设等阶段。目前,TDW 平台已经成熟,进入稳定运营

图 5.6   腾讯大数据平台建立的分布式数据仓库

阶段,它支持百 PB 级数据的离线存储和计算,为业务提供海量、高效、稳定的大数据平台支撑和决策支持。机器总量达到 8 000 台以上,最大集群超过 5 600 个节点,覆盖了腾讯 90%以上的业务产品;TDW 集成开发环境在腾讯内的总用户数约 1 500 人,活跃用户数达到 700以上,每日运行的分析 SQL 数达到 100 000 以上,每日 SQL 翻译成 MR job 数达到 1 000 000以上。可以说,TDW 是名副其实的"海量"系统。

思考:腾讯公司成立于 1998 年 11 月,目前腾讯集团已成为中国最大的互联网综合服务提供商之一。成立以来,腾讯一直秉承"一切以用户价值为依归"的经营理念,始终处于稳健发展的状态。请同学们结合自己使用腾讯的日常经历调研及思考下列问题:

①查询腾讯在全球的用户有多少。

②腾讯提供了多少种产品和服务?

③根据案例思考,腾讯采取哪些技术满足上亿级别用户的需求?

④头脑风暴讨论为什么腾讯能够获得成功。

任务 2   信息处理技术认知

➡引导案例

"啤酒与尿布"的故事发生于 20 世纪 90 年代的美国沃尔玛超市中,沃尔玛超市管理人员分析销售数据时发现了一个令人难以理解的现象:在某些特定的情况下,"啤酒"与"尿布"两件看上去毫无关系的商品会经常出现在同一个购物篮中,这种独特的销售现象引起了管理人员的注意,经过后续调查发现,这种现象出现在年轻的父亲身上。

在美国有婴儿的家庭中,一般是母亲在家中照看婴儿,年轻的父亲前去超市购买尿布。父亲在购买尿布的同时,往往会顺便为自己购买啤酒,这样就会出现啤酒与尿布这两件看上去不相干的商品经常会出现在同一个购物篮的现象。如果这个年轻的父亲在卖场只能买到两件商品之一,则他很有可能会放弃购物行为而到另一家商店,直到可以一次同时买到啤酒与尿布为止。沃尔玛发现了这一独特的现象,开始在卖场尝试将啤酒与尿布摆放在相同的区域,让年轻的父亲可以同时找到这两件商品,并很快地完成购物;而沃尔玛超市也可以让这些客户一次购买两件商品,从而获得了很好的商品销售收入,这就是"啤酒与尿布"故事的由来。

当然"啤酒与尿布"的故事必须具有技术方面的支持。1993 年美国学者 Agrawal 提出通过分析购物篮中的商品集合,从而找出商品之间关联关系的关联算法,并根据商品之间的关系,找出客户的购买行为。艾格拉沃从数学及计算机算法角度提出了商品关联关系的计算方法——Aprior 算法。沃尔玛从 20 世纪 90 年代尝试将 Aprior 算法引入到 POS 机数据分析中,并获得了成功,于是产生了"啤酒与尿布"的故事。

想一想:案例中数据来源是哪里? 啤酒和尿布是怎样联系在一起的?

✦ 任务目标

通过本任务的学习应掌握以下内容:

- 云计算的概念和原理;
- 中间件的概念和原理;
- 大数据的概念和原理;
- 常用的信息安全技术。

5.2.1　云计算

如今大家天天听到媒体说云计算、阿里云、百度云、腾讯云等,到底什么是云计算呢?

1)云计算的概念

现阶段广为接受的是美国国家标准与技术研究院(NIST)的定义:云计算(Cloud Computing)是一种按使用量付费的模式,这种模式提供可用的、便捷的、按需的网络访问,进入可配置的计算资源共享池(资源包括网络、服务器、存储、应用软件、服务),这些资源能够被快速提供,只需投入很少的管理工作,或与服务供应商进行很少的交互。

通俗来说,云计算是指服务的交付和使用模式,即通过网络以按需、易扩展的方式获取所需的资源,这种服务可以是 IT 的基础设施(硬件、软件、平台),也可以是其他服务。云计算的核心理念就是按需服务,就像人使用水、电、天然气等资源一样。云由云计算平台和云服务应用两个层面组成。

云计算平台是企业将基础设施包括传统的服务器、操作系统、存储运维等都统一部署在一个平台上,这是一个技术层面,企业可以不必过多地关注这个平台本身,而只关注应用。另外,政府、企业和个人可以根据不同的需求部署成不同的应用,形成个性化的交付模式,形成一种云服务。

2)云计算的主要技术

云计算的主要关键技术包括虚拟化、分布式文件系统、分布式数据库、资源管理技术、能耗管理技术。

（1）虚拟化

虚拟化是实现云计算重要的技术设施,是在通过物理主机中同时运行多个虚拟机实现虚拟化,在这个虚拟化平台上,实现对多个虚拟机操作系统的监视和多个虚拟机对物理资源的共享。

（2）分布式文件系统

它是指在文件系统基础上发展而来的云存储分布式系统,可用于大规模的集群。

（3）分布式数据库

分布式数据库能实现动态负载均衡、故障节点自动接管,具有高可靠性、高可用性、高可扩展性。

（4）资源管理技术

云系统为开发商和用户提供了简单通用的接口,使开发商将注意力更多地集中在软件本身,而无须考虑底层架构。云系统根据用户的资源获取请求,动态分配计算资源。

（5）能耗管理技术

云计算基础设施中包括数以万计的计算机,如何有效地整合资源、降低运行成本,节省运行计算机所需的能源成为人们关注的问题。

3)云计算服务模式

云基础设施即服务(IaaS)、云平台即服务(PaaS)、云软件即服务(SaaS)是云计算的3种服务模式。

（1）基础设施即服务 IaaS(Infrastructure-as-a-Service)

消费者通过 Internet 可以从完善的计算机基础设施获得服务,如硬件服务器租用。国内比较出名的 IaaS 有阿里云（图 5.7）、腾讯云等,国外包括 Amazon、Microsoft、VMWare、Rackspace 和 Red Hat。

（2）平台即服务 PaaS(Platform-as-a-Service)

PaaS 实际上是指将软件研发的平台作为一种服务,以 SaaS 的模式提交给用户。因此,PaaS 也是 SaaS 模式的一种应用。但是,PaaS 的出现可以加快 SaaS 的发展,尤其是加快 SaaS 应用的开发速度,如软件的个性化定制开发。比较出名的 PaaS 包括 GAE（谷歌）、阿里 ACE、百度 BAE、新浪 SAE 等。图 5.8 是腾讯云提供的服务。

图 5.7　阿里云平台

图 5.8　腾讯云可以提供的服务广告

（3）软件即服务 SaaS（Software-as-a-Service）

它是一种通过 Internet 提供软件的模式，用户无须购买软件，而是向提供商租用基于 Web 的软件，来管理企业经营活动，如阳光云服务器。用户打开 QQ，是腾讯云提供的云计算服务；打开淘宝，是阿里云提供的云计算服务。小米云服务可以为用户管理所有设备及数据，如图 5.9 所示。

图 5.9　小米云服务平台

4）云计算带来的信息处理革命

云计算是人类信息获取和使用方式的变革,核心使整个计算环境和知识获得更加便利,促使整个知识普及和生产效率获得极大的提高。

云计算将导致思维方式发生重大改变,人们将学会站在整体的角度来处理问题,用和谐平衡的思想来处理系统里局部之间的关系,促使全球资源迅速集中,各种资源通过技术手段按照市场规则将被分类集中,这种集中使得资源的使用效率达到最大化,同时资源的分配在有效监控下做到尽可能的公平。

5）云计算应用

（1）云音乐

音乐已成为人们生活中必不可少的一部分。随着用户的需求,用来听音乐的设备容量也越来越大。不管是手机还是其他数码设备,存储问题一直是用户纠结的一个问题,总是会因为容量不够导致不能听到想听的音乐而苦恼。云计算音乐的出现解决了这一问题。人们终于可以不用再下载音乐文件就可以听到想听的音乐了,云计算服务提供商的"云"为用户承担了存储的任务,如网易云音乐。

（2）云存储

在日常生活中,备份文件就和买保险一样重要。个人数据的重要性越来越突出,为了保护用户的个人数据不受各种灾害的影响,移动硬盘就成了人们手中必备的工具之一。但云计算的出现彻底改变了这一格局。通过云计算服务提供商提供的云存储技术,只需要一个账户和密码,以及远远低于移动硬盘的价格,就可以在任何有互联网的地方使用比移动硬盘更加快捷方便的服务。配置信息备份、聊天记录备份、照片等的云存储加分享,方便大家重置或者更换手机的时候,一键同步、一键还原,省去不少麻烦。随着云存储技术的发展,移动硬盘也将慢慢地退出存储的舞台。如腾讯云、有道云笔记、百度云网盘。

（3）地图导航

在没有 GPS 的时代,每到一个地方,人们都需要一份当地地图。以前经常可见路人拿着地图问路的情景。而现在,人们只需要一部手机,就可以拥有一张全世界的地图,甚至还能够得到地图上得不到的信息,如交通路况、天气状况等。正是基于云计算技术的 GPS 带给人们这一切。地图、路况这些复杂的信息,并不需要预先装在用户的手机中,而是储存在服务提供商的"云"中,用户只需在手机上按一个键,就可以很快找到自己所要找的地方,如高德地图云。

（4）在线办公

可能人们还没发现,自从云计算技术出现以后,办公室的概念已经很模糊了。在任何一个有互联网的地方都可以同步办公所需要的办公文件,即使同事之间的团队协作也可以通过基于云计算技术的服务来实现,而不用像传统的那样必须在同样一个办公室里才能够完成合作。在将来,随着移动设备的发展以及云计算技术在移动设备上的应用,办公室的概念将会逐渐消失,如百度云提供在线办公。

（5）云交通

云交通是指在云计算之中整合现有资源,并能够针对未来的交通行业发展整合所需求的各种硬件、软件、数据。动态满足 ITS 中各应用系统,针对交通行业的需求——基础建设、交通信息发布、交通企业增值服务、交通指挥提供决策支持及交通仿真模拟等,交通云要能够全面提供开发系统资源平需求,能够快速满足突发系统需求。

云交通的贡献主要包括将借鉴全球先进的交通管理经验,打造立体交通,彻底解决城市发展中的交通问题。

具体而言,将包括地下新型窄幅多轨地铁系统、电动步道系统,地面新型窄幅轨道交通,半空天桥人行交通、悬挂轨道交通,空中短程太阳能飞行器交通等。

（6）云通信

云通信是云计算（Cloud Computing）概念的一个分支,指用户利用 SaaS 形式的瘦客户端（Thin Client）或智能客户端（Smart Client）,通过现有局域网或互联网线路进行通信交流,而无须经由传统 PSTN 线路的一种新型通信方式。在现今 ADSL 宽带、光纤、4G、5G 等高速数据网络日新月异的年代,云通信给传统电信运营商带来了新的发展契机。

如今云计算在医疗领域的贡献让广大医院和医生均赞不绝口,从挂号到病例管理,从传统的询问病情到借助云系统会诊。这一切的创新技术,改变了传统医疗上的很多漏洞,同时也方便了患者和医生。

（7）云医疗

云医疗（Cloud Medical Treatment，CMT）是在云计算等 IT 技术不断完善的今天,像云教育、云搜索等言必语云的"云端时代",一般的 IT 环境可能已经不适合许多医疗应用,医疗行业必须更进一步,建立专门满足医疗行业安全性和可用性要求的医疗环境——"云医疗"应运而生。它是 IT 信息技术不断发展的必然产物,也是今后医疗技术发展的必然方向。

医疗云主要包括医疗健康信息平台、云医疗远程诊断及会诊系统,云医疗远程监护系统以及云医疗教育系统等。

（8）云教育

从如今我国的教育情况来看,由于中国疆域辽阔,教育资源分配不均,很多中小城市的教育资源长期处于一种较为尴尬的情形。面对这种状况,部分国家已制定了相应的信息技术促进教育变革制度。目前,我国在这方面也在利用云计算进行教育模式改革,促进教育资源均衡化发展。

云计算在教育领域中的迁移称为"教育云",是未来教育信息化的基础架构,包括了教育信息化所必需的一切硬件计算资源,这些资源经虚拟化之后,向教育机构、教育从业人员和学员提供一个良好的平台,该平台的作用就是为教育领域提供云服务。

教育云包括成绩系统、综合素质评价系统、选修课系统和数字图书馆系统等。

6）云计算案例

（1）阿里云分担 12306 流量压力

几乎每年春运火车票售卖量都会创下历年新高,而铁路系统运营网站 12306 却并没有出现明显的卡滞,同阿里云的合作是关键之一。

12306 把余票查询系统从自身后台分离出来,在"云上"独立部署了一套余票查询系统。余票查询环节的访问量近乎占 12306 网站的九成流量,这也是往年造成网站拥堵的最主要原因之一。把高频次、高消耗、低转化的余票查询环节放到云端,而将下单、支付这种"小而轻"的核心业务仍留在 12306 的后台系统上,这样的思路为 12306 减负不少。

（2）玉溪华为教育云:基础教育教学的一场革命

2015 年 5 月 11 日,华为云服务玉溪基地开通运行暨玉溪教育云上线仪式举行,这是华为云服务携手玉溪民生领域的首次成功运用。

"玉溪教育云"是云南首个完全按照云计算技术框架搭建和设计开发的专业教育教学平台,平台依托华为云计算中心,以应用为导向,积极探索现代信息技术与教育的深度融合,以教育信息化促进教育理念和教育模式创新,充分发挥其在教育改革和发展中的支撑与领域作用。

5.2.2 中间件

1）中间件的概念和特征

中间件(Middleware)是位于平台(硬件和操作系统)和应用之间的通用服务,屏蔽了底层操作系统的复杂性,使程序开发人员面对一个简单而统一的开发环境,减少程序设计的复杂性,将注意力集中在自己的业务上,不必再为程序在不同系统软件上的移植而重复工作,从而大大减少了技术上的负担。

中间件应该具备两个关键特征:首先要为上层的应用层服务,这是一个基本条件;其次,必须连接到操作系统的层面,并保持运行工作状态,具备了这样两个特征才能称为中间件。现在很多人把开发工具也称为中间件是不合适的,因为开发工具开发出来的软件,并不依赖开发工具与底层操作系统连接。图 5.10 是中间件的示意图。

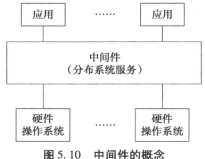

图 5.10 中间件的概念

2）中间件产品举例

网络应用中间件逐渐在基础中间件、应用中间件、应用框架 3 个层面形成激烈的产品竞争和市场竞争格局。从 3 个层面的产品来分析，国外厂商仍然占主导地位，主流厂商包括 IBM、BEA、Oracle、HP、Iona 等，而一些新型的中间件公司，如 Tibco、WebMethod、Vitria 也开始携其应用集成中间件或业务流程管理中间件进入中国市场。而国内一些规模较大的软件公司也开始进入此领域，形成了包括中创软件商用中间件、金蝶 Apusic、东方通科技、中关村科技、北京汇金科技、中和威等在内的一批中间件专业厂商，东软、用友、信雅达等应用集成商也大量投入中间件产品的研发。国产中间件已经形成了比较完整产品体系，如中创软件、中和威推出了基于 CORBA 标准的通信中间件产品；中创软件、金蝶软件、东方通科技、北京汇金科技等公司分别推出了遵循 J2EE 规范的应用服务器产品；中创软件、中科院软件所、东方通科技、北京汇金科技推出了消息中间件产品；中创软件推出了符合 OMG 标准的企业应用集成套件 InforEAI；此外，还有大量的公司投入中间件开发平台和构件库的建设。国产中间件已经广泛应用于我国政府、交通、金融、证券、保险、税务、电信、移动、教育和军事等行业或领域的信息化建设，并成为大型应用系统建设不可缺少的一环。

5.2.3　大数据技术

最早提出"大数据"时代到来的是全球知名咨询公司麦肯锡。麦肯锡称："数据，已经渗透当今每一个行业和业务职能领域，成为重要的生产因素。人们对于海量数据的挖掘和运用，预示着新一波生产率增长和消费者盈余浪潮的到来。""大数据"在物理学、生物学、环境生态学等领域以及军事、金融、通信等行业存在已有时日，却因为近年来互联网和信息行业的发展才引起人们关注。

1）大数据概念

大数据（Big Data），指无法在一定时间范围内用常规软件工具进行捕捉、管理和处理的数据集合，是需要新处理模式才能具有更强的决策力、洞察发现力和流程优化能力的海量、高增长率和多样化的信息资产。

2）大数据特点

（1）Volume（大量）

相关报告预测称，到 2020 年，全球数据量将扩大 50 倍。目前，大数据的规模尚是一个不断变化的指标，单一数据集的规模范围从几十 TB 到数 PB 不等。简而言之，存储 1 PB 数据将需要两万台配备 50 GB 硬盘的个人电脑。此外，各种意想不到的来源都能产生数据。

（2）Velocity（高速）

高速描述的是数据被创建和移动的速度。在高速网络时代，通过基于实现软件性能优化的高速电脑处理器和服务器,创建实时数据流已成为流行趋势。企业不仅需要了解如何快速创建数据,而且必须知道如何快速处理、分析并返回给用户,以满足他们的实时需求。

（3）Variety（多样）

数据多样性的增加主要是新型多结构数据,以及包括网络日志、社交媒体、互联网搜索、手机通话记录及传感器网络等数据类型造成。

（4）Value（低价值密度）

随着物联网的广泛应用,信息感知无处不在,信息海量,但价值密度较低,如何通过强大的机器算法更迅速地完成数据的价值"提纯",是大数据时代亟待解决的难题。

3）大数据采集和处理

大数据采集和处理是指利用多种轻型数据库来接收发自客户端的数据,并且用户可以通过这些数据库来进行简单的查询和处理工作。将海量的来自前端的数据快速导入一个集中的大型分布式数据库或者分布式存储集群,利用分布式技术对存储于其中的集中的海量数据进行普通的查询和分类汇总等,以此满足大多数常见的分析需求。基于前面的查询数据进行数据挖掘,来满足高级别的数据分析需求。图 5.11 为大数据分析平台结构图。

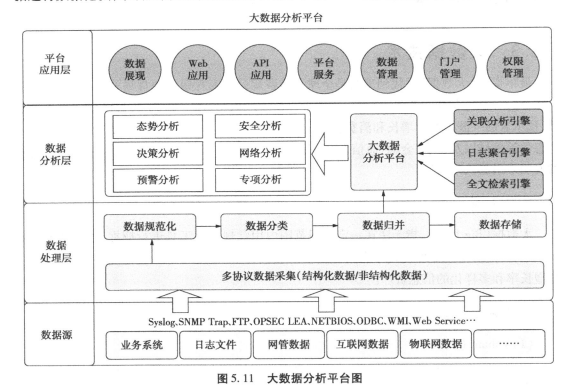

图 5.11　大数据分析平台图

4）大数据处理技术

数据时代的到来,人们的生活也得到了许多的方便,它的应用也越来越广。它的技术主要包括以下几种。

①数据采集:ETL(对数据提取、转换、加载)工具负责将分布的、异构数据源中的数据如关系数据、平面数据文件等抽取到临时中间层后进行清洗、转换、集成,最后加载到数据仓库或数据集市中,成为联机分析处理、数据挖掘的基础。

②数据存取:关系数据库、NOSQL 和 SQL 等。

③基础架构:云存储和分布式文件存储等。

④数据处理:自然语言处理(Natural Language Processing, NLP)是研究人与计算机交互的语言问题的一门学科,也称为计算语言学(Computational Linguistics)。一方面它是语言信息处理的一个分支,另一方面它是人工智能(Artificial Intelligence, AI)的核心课题之一。

⑤统计分析:假设检验、显著性检验、差异分析、相关分析、T 检验、方差分析、卡方分析、偏相关分析、距离分析、回归分析、简单回归分析、多元回归分析、逐步回归、回归预测与残差分析、岭回归、Logistic 回归分析、曲线估计、因子分析、聚类分析、主成分分析、因子分析、快速聚类法与聚类法、判别分析、对应分析、多元对应分析(最优尺度分析)和 bootstrap 技术等。

⑥数据挖掘:分类(Classification)、估计(Estimation)、预测(Prediction)、相关性分组或关联规则(Affinity grouping or association rules)、聚类(Clustering)、描述和可视化(Description and Visualization)、复杂数据类型挖掘(Text、Web、图形图像、视频、音频等)。

⑦模型预测:预测模型、机器学习和建模仿真。

⑧结果呈现:云计算、标签云和关系图等。

5)大数据应用

产生的数据在数量上持续膨胀;音频、视频和图像等富媒体需要新的方法来发现;电子邮件、IM、tweet 和社交网络等合作和交流系统以非结构化文本的形式保存数据,必须用一种智能的方式来解读。但是,应该将这种复杂性看成一种机会而不是问题。处理方法正确时,产生的数据越多,结果就会越成熟可靠。传感器、GPS 系统和社交数据的新世界将带来转变运营的惊人新视角和机会。

数据的价值在于将正确的信息在正确的时间交付到正确的人手中。未来将属于那些能够驾驭所拥有数据的公司,这些数据与公司自身的业务和客户相关,通过对数据的利用,发现新的洞见,帮助它们找出竞争优势。

大数据正在改变产品和生产过程、企业和产业甚至竞争本身的性质。大数据的影响除了经济方面,同时也能在政治、文化等方面产生深远的影响,大数据可以帮助人们开启循"数"管理的模式。比如:

①洛杉矶警察局和加利福尼亚大学合作利用大数据预测犯罪的发生。

②Google 流感趋势(Google Flu Trends)利用搜索关键词预测禽流感的散布。

③统计学家内特·西尔弗(Nate Silver)利用大数据预测 2012 美国选举结果。

④麻省理工学院利用手机定位数据和交通数据建立城市规划。

⑤梅西百货的实时定价机制。根据需求和库存的情况,该公司基于 SAS 的系统对多

达 7 300 万种货品进行实时调价。

⑥医疗行业早就遇到了海量数据和非结构化数据的挑战,而近年来很多国家都在积极推进医疗信息化发展,这使得很多医疗机构有资金来做大数据分析。

⑦智能电网现在欧洲已经做到了终端,也就是所谓的智能电表。在德国,为了鼓励利用太阳能,会在家庭安装太阳能,除了卖电给你,当你的太阳能有多余电的时候还可以买回来。通过电网收集每隔五分钟或十分钟收集一次数据,收集来的这些数据可以用来预测客户的用电习惯等,从而推断出在未来 2~3 个月里,整个电网大概需要多少电。有了这个预测后,就可以向发电或者供电企业购买一定数量的电。因为电有点像期货,如果提前买就会比较便宜,买现货就比较贵。通过这个预测后,可以降低采购成本。

⑧阿里巴巴基于淘宝大数据,记录每个买家日常浏览和购买行为、兴趣爱好和购买力等,归纳到卖家的历史成交人群画像,设置标签,综合分析买家搜索最可能成交的宝贝和店铺进行优先展示的一种方式。通过标签,将买家与卖家联系在一起,每个宝贝推荐给最有可能成交的买家,从而提升转化率,最大化利用流量。这也是很多电子商务平台如百度、美团为用户推送广告信息的机制。

⑨当前我国大型电子商务公司都已经开放了自己的大数据平台,如百度大数据众智开放平台(图 5.12),呈现和开放了多款百度大数据产品、技术能力和行业解决方案,致力于为千万级企业客户提供专业、稳定的大数据深度挖掘服务。

图 5.12　百度的大数据平台

5.2.4　信息安全技术

1)信息安全

信息安全(Information Security)是指为数据处理系统而采取的技术的和管理的安全保护,保护计算机硬件、软件、数据不因偶然的或恶意的原因而遭到破坏、更改、显露。这里面既包含了层面的概念,其中计算机硬件可以看作物理层面,软件可以看作运行层面,再就是数据层面;又包含了属性的概念,其中破坏涉及的是可用性,更改涉及的是完整性,显露涉及的是机密性。

2）信息安全技术

信息安全技术是指保证己方正常获取、传递、处理和利用信息，而不被无权享用的他方获取和利用己方信息的一系列技术的统称。

3）信息安全技术的组成

（1）信息保密技术

信息保密技术是利用数学或物理手段，对电子信息在传输过程中和存储体内进行保护以防止泄露的技术。保密通信、计算机密钥、防复制软盘等都属于信息保密技术。信息保密技术是保障信息安全最基本、最重要的技术，一般采用国际上公认的安全加密算法实现。如目前世界上被公认的最新国际密码算法标准 AES，就是采用 128、192、256 比特长的密钥将 128 比特长的数据加密成 128 比特的密文技术。在多数情况下，信息保密被认为是保证信息机密性的唯一方法，其特点是用最小的代价来获得最大的安全保护。

（2）信息确认技术

信息确认技术是通过严格限定信息的共享范围来防止信息被伪造、篡改和假冒的技术。通过信息确认，应使合法的接收者能够验证他所收到的信息是否真实；使发信者无法抵赖他发信的事实；使除了合法的发信者之外，别人无法伪造信息。一个安全的信息确认方案应该做到以下几点：①合法的接收者能够验证他收到的信息是否真实；②发信者无法抵赖自己发出的信息；③除合法发信者外，别人无法伪造消息；④当发生争执时可由第三人仲裁。按照其具体目的，信息确认系统可分为消息确认、身份确认和数字签名。如当前安全系统所采用的 DSA 签名算法，就可以防止别人伪造信息。

（3）网络控制作用

常用的网络控制技术包括防火墙技术、审计技术、访问控制技术和安全协议等。其中，防火墙技术是一种既能够允许获得授权的外部人员访问网络，又能够识别和抵制非授权者访问网络的安全技术，起到指挥网上信息安全、合理和有序流动的作用。审计技术能自动记录网络中机器的使用时间、敏感操作和违纪操作等，是对系统事故分析的主要依据之一。访问控制技术是能识别用户对其信息库有无访问的权利，并对不同的用户赋予不同的访问权利的一种技术。访问控制技术还可以使系统管理员跟踪用户在网络中的活动，及时发现并拒绝"黑客"的入侵。安全协议则是实现身份鉴别、密钥分配、数据加密等安全的机制。整个网络系统的安全强度实际上取决于所使用的安全协议的安全性。

4）信息安全技术在数字环保中的应用

（1）确保物理层安全

信息安全技术可确保物理安全。物理安全是保护计算机网络设备、设施以及其他媒体免遭水灾、火灾等环境事故以及人为操作失误或错误和各种计算机犯罪行为导致的破坏过程。网络的物理安全是整个网络系统安全的前提。网络物理层的信息安全风险包括设备被盗、被毁坏,链路老化,被有意或者无意地破坏,因电子辐射造成信息泄露,设备意外故障、停电以及火灾、水灾等自然灾害。针对各种信息安全风险,网络的物理层安全主要包括环境安全、设备安全和线路安全。

（2）确保网络层安全

信息安全技术可确保网络安全。网络安全风险包括数据传输风险、重要数据被破坏的风险、网络边界风险和网络设备的安全风险。信息安全技术可以在内网与外网之间实现物理隔离或逻辑隔离,在外网的入口处配置网络入侵检测设备,设置抗拒绝服务网关,用虚拟局部网络保障内网中敏感业务和数据安全,构建 VPN 网络实现信息传输的保密性、完整性和不可否认性,设置网络安全漏洞扫描和安全性能评估设备,并能设置功能强大的网络版的反病毒系统。

（3）确保系统层安全

信息安全技术可确保系统安全。系统安全风险是系统专用网络采用的操作系统、数据库及相关商用产品的安全漏洞和病毒进行威胁。系统专用网络通常采用的操作系统本身在安全方面考虑较少,服务器、数据库的安全级别较低,存在一些安全隐患。同时病毒也是系统安全的主要威胁,所有这些都造成了系统安全的脆弱性。为确保系统安全,信息安全技术可将应用服务器、网络服务器和数据库服务器等各类计算机的操作系统设置成安全级别高、可控的操作系统,对各类计算机进行认证配置,按系统的要求开发统一的身份认证系统、统一授权与访问控制系统和统一安全审计与日志管理系统,及时发现“黑客”对主机的入侵行为,并能设置功能强大的网络版的反病毒系统,实时检杀病毒。

（4）确保应用层安全

信息安全技术可确保应用层安全。应用层安全风险包括身份认证漏洞和万维网服务漏洞。信息安全技术可采用身份认证技术、防病毒技术以及对各种应用服务的安全性增强配置服务来保障网络系统在应用层的安全,可建立统一的身份认证和授权管理系统,可提供加密机制和数字签名机制,并能建立安全邮件系统及安全审计和日志管理系统。

5）信息安全相关法律

①《互联网信息服务管理办法》2000 年 9 月 25 日出台。

②《计算机信息网络国际联网安全保护管理办法》2011 年 1 月 8 日起执行。

③《信息网络传播权保护条例》2013 年 3 月 1 日起执行。

④《中华人民共和国网络安全法》由全国人民代表大会常务委员会于 2016 年 11 月 7 日发布,自 2017 年 6 月 1 日起施行。

⑤《信息安全技术个人信息安全规范》（GB/T 35273—2017）国家标准正式发布,该标准是推荐性国家标准,将于 2018 年 5 月 1 日正式实施。

上述法律法规和部门规章制度,已形成较为完整的法律体系和行政法规,并在实践中不断加以完善和改进。

6）保护个人隐私

现代人日常生活都离不了各种手机 APP 的使用，购物、快递、社交、娱乐和生活几乎都在手机上完成，除了提高个人思想觉悟外，请在日常生活中注意以下情况。

（1）使用网络尽量注意不外泄个人真实信息

如不要随便透露家庭住址、联系方式和身份证信息等，网络环境尽量不用实名信息，特殊情况除外，关闭对陌生人开放的隐私功能。社交产品不用实名，或不加陌生人。

（2）采取适当措施保护个人隐私

如计算机和隐私文件，要设置强度合适的密码进行加密处理，计算机上安装防火墙和杀毒软件，防止木马上传你的资料。网络上发布的内容也要进行加密处理。使用别人的电脑，使用完后，要消除历史记录和相关登录信息，防止被人利用。

5.2.5　思考与创新训练

阅读与思考：

资料一：据了解，近年来酒店客户信息泄露事件屡屡发生。

媒体公开报道显示，2015 年，包括桔子酒店、布丁酒店、锦江之星、速 8 酒店、万豪酒店集团、喜达屋集团和洲际酒店集团七大知名酒店集团客户信息管理系统被指存在严重的安全漏洞，每家酒店泄露的数据量都达千万条以上；2016 年，喜来登、万豪、凯悦酒店集团旗下约 20 家酒店客户信用卡信息被泄露；2017 年，全球 11 个国家的 41 家凯悦酒店支付系统被黑客入侵，大量数据外泄，泄露信息包括住客支付卡姓名、卡号、到期日期和验证码。

一位不愿意透露姓名的互联网专家对记者表示，目前不少酒店都有自助上网服务系统，通过扫描一个二维码或者登录一个跳转页面后，电脑或者手机就可以接入 Wi-Fi 了，但是这个过程很容易被网络黑客或者不法分子利用。此外，前述泄露的信息被"叫价"到 8 个比特币的售价，折合人民币 50 万元左右，足以证明这些信息的价值。

"看看我们手机上的各种应用，购物平台知道每天买什么，社交软件知道每天说什么，打车应用知道每天去哪里，但它们是否有能力保护好我们，筑好隐私安全的第一道'闸口'呢？"曾涛认为，酒店、金融业、电信业这些信息业务比较繁忙的场所或者机构，容易成为信息泄露的重灾区，因为内部计算机系统往往和外部系统连接，加之酒店员工流动频繁，这为不法分子提供了可乘之机。

资料二：2015 年 10 月，姚威和自己的信息安全团队成员共同发布了一份震惊业界的《中国一线城市　Wi-Fi 安全与潜在威胁调查研究报告》。这份报告对北京、上海、广州的机场、火车站、旅游景点、商业中心的 6 万多个 Wi-Fi 信号进行了长达半年的数据采集，发现有 1/4 是"钓鱼"页面，有 1/12 会强制提交过多个人隐私信息，另有 1/20 可以获取用户登录的账号密码。在这之前，这诸多的公共 Wi-Fi 安全问题几乎没有被民众和行业从业者重视。

2016 年 9 月,姚威和他的团队又发布了一份新的报告,揭开了网络空间诈骗背后不为人知的秘密。报告称:过去一年半,高达 8.6 亿条个人信息数据被明码标价售卖,有的还被卖过好几次。

根据以上材料请思考以下问题:

①为什么我们的个人隐私泄露这么严重?试着从个人角度和企业角度思考。

②调研企业经常采用哪些方式收集用户信息。

③调研企业应采取什么措施提高企业安全级别,保护客户隐私。

④从职业角度思考,泄露公司机密违反了什么职业道德,是否应承担法律责任?

单元6 智能互联网技术

信息世界的信息扩展迅速,物理世界的移动终端日趋成熟,两者相结合便产生了一类新型的网络——物联网(Internet of Things)。物联网继计算机、互联网、移动通信设备之后成为社会经济发展、社会进步和科技创新的基石。移动互联网技术也以其"小巧轻便"及"通信便捷"的特点成为当今世界发展最快、市场潜力最大、前景最诱人的业务,移动互联网已经完全渗入人们生活、工作、娱乐的方方面面了。通过本单元的学习,可以了解物联网、移动互联网的发展历史、主要特点、核心技术以及应用前景,更好适应信息时代的工作和生活。

任务1 物联网技术认知

◆引导案例

你走到家门口,大门识别到你口袋里的密匙卡,为你自动解锁。外面很冷,但是门的另一边却是温暖舒适的23 ℃,因为恒温器根据你离家的距离计算出你回家所需时间,提前点燃了壁炉。随着你踏入室内,嵌入式地灯照亮了通往厨房的道路,这是每个忙碌了一天回到家中的人首先想要造访之处。你掏出手机,对某个应用匆匆一瞥,该应用自动连接到手腕的健身追踪器,查看你的每日卡路里配额是否还有剩余——让你在晚餐时小酌一杯。

听起来像是科幻电影剧本,但是这般光景已经唾手可得,这一切都得益于物联网:这个世界中的一切,从门窗上的小小传感器到大型室内家电,它们都有自己的网址,让你在任何地方都能够访问,而且它们相互间也可以交换信息。

物联网旨在无缝整合一个人一生中方方面面的可利用数据。某些方面——如活动追踪器——在个人层面来说非常有用,但是科技同样能够为整个社会提供福利。

(资料来源:techhive。)

想一想: 通过案例,分析物联网与互联网的区别有哪些。

⬇ 任务目标

通过本任务的学习应掌握以下内容:

- 物联网的概念及体系结构;
- 物联网的关键技术;
- 物联网的主要应用领域。

6.1.1 认识物联网

物联网是当今新一代信息技术的主要组成部分,也是当今电子信息化水平快速发展的重要体现。物联网简单地说就是物物相连的一种互联网。当然这个里面还有两层含义,第一点就是在最终端的发展,已经是扩展到了所有物品与物品之间,这些物品可以实现互相进行信息交流;第二点就是指物联网的发展始终是建立在互联网的基础上的,它是互联网的一种产物,是依赖于互联网而扩展的网络。物联网主要是借助识别技术、智能感知等通信感知这样的新技术,在网络的融合中被广泛地应用。

1)物联网的起源

物联网的理念最早出现于比尔·盖茨的《未来之路》,只是当时受限于无线网络、硬件及传感器设备的发展,并未引起世人的重视。1998 年,美国麻省理工学院创造性地提出了当时被称作 EPC 系统的"物联网"的构想。1999 年,"物联网"的概念由美国麻省理工学院的Auto-ID 实验室首先提出,其提出的物联网概念以 RFID 技术和无线传感网络作为支撑。2005 年,国际电信联盟(ITU)发布了《ITU 互联网报告 2005:物联网》,正式提出物联网的概念。报告指出,无所不在的"物联网"通信时代即将来临。世界上所有物体都可以通过互联网主动进行信息交换。射频识别技术、传感器技术、纳米技术和智能嵌入技术将得到更加广泛的应用。2009 年 1 月 28 日,奥巴马就任美国总统后,与美国工商业领袖举行了一次"圆桌会议",作为仅有的两名代表之一,IBM 首席执行官彭明盛首次提出"智慧地球"这一概念,建议新政府投资新一代的智慧型基础设施。当年,美国将新能源和物联网列为振兴经济的两大重点。

2009 年 8 月,温家宝"感知中国"的讲话把我国物联网领域的研究和应用开发推向了高潮,无锡市率先建立了"感知中国"研究中心,中国科学院、运营商、多所大学在无锡建立了物联网研究院,无锡市江南大学还建立了全国首家实体物联网工厂学院。

物联网的概念已经是一个"中国制造"的概念,其覆盖范围与时俱进,已经超越了 1999年 Ashton 教授和 2005 年 ITU 报告所指的范围,物联网已被贴上"中国式"标签。

2）物联网的定义

国际电信联盟发布的 ITU 互联网报告,对物联网做了如下定义:通过二维码识读设备、射频识别(RFID)装置、红外感应器、全球定位系统和激光扫描器等信息传感设备,按约定的协议,把任何物品与互联网相连接,进行信息交换和通信,以实现智能化识别、定位、跟踪、监控和管理的一种网络。

根据国际电信联盟的定义,物联网主要解决物品与物品(Thing to Thing,T2T),人与物品(Human to Thing,H2T),人与人(Human to Human,H2H)之间的互联。但是与传统互联网不同的是,H2T 是指人利用通用装置与物品之间的连接,从而使物品连接更加简化,而 H2H 是指人之间不依赖于 PC 而进行的互联。因为互联网并没有考虑对于任何物品连接的问题,故我们使用物联网来解决这个传统意义上的问题。物联网顾名思义就是连接物品的网络,物联网中,经常会引入一个 M2M 的概念,可以解释成为人到人(Man to Man)、人到机器(Man to Machine)、机器到机器(Machine to Machine)。从本质上而言,在人与机器、机器与机器的交互,大部分是为了实现人与人之间的信息交互。

3）物联网的体系结构

物联网利用 RFID、传感器、二维码等随时随地获取物体的信息,通过各种电信网络与互联网的融合,将物体的信息实时准确地传递出去,利用云计算、模糊识别等各种智能计算技术,对海量数据和信息进行分析和处理,对物体实施智能化的控制。在业界,物联网被公认为有 3 个层次(图 6.1):底层是用来感知数据的感知层,中间层是数据传输的网络层,最上面则是内容应用层。

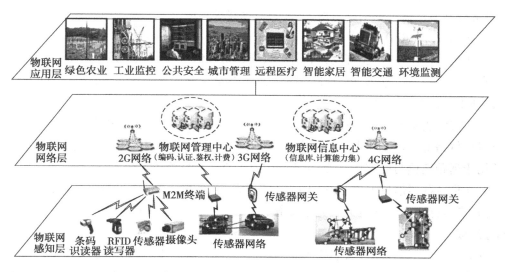

图 6.1　物联网的层次结构

（1）感知层

感知层进行数据采集与感知,主要用于采集物理世界中发生的物理事件和数据,包括各类物理量、标识、音频、视频数据。物联网的数据采集涉及传感器、RFID、多媒体信息采集、二维码和实时定位等技术。

传感器网络组网和协同信息处理技术实现传感器、RFID 等数据采集技术所获取数据的短距离传输、自组织组网以及多个传感器对数据的协同信息处理过程。

（2）网络层

网络层实现更加广泛的互联功能,能够把感知到的信息无障碍、高可靠性、高安全性地进行传送,需要传感器网络与移动通信技术、互联网技术相融合。经过十余年的快速发展,移动通信、互联网等技术已比较成熟,基本能够满足物联网数据传输的需要。

（3）应用层

应用层主要包含应用支撑平台子层和应用服务子层,其中应用支撑平台子层用于支撑跨行业、跨应用、跨系统之间的信息协同、共享、互通的功能。应用服务子层包括智能交通、智能医疗、智能家居、智能物流和智能电力等行业应用。

6.1.2　物联网的关键技术

1）感知技术（感知层）

感知技术也称信息采集技术,是实现物联网的基础。目前,信息采集主要采用电子标签和传感器等方式完成。在感知技术中,电子标签用于对采集的信息进行标准化标识,数据采集和设备控制通过射频识别读写器、二维码识读器等实现。

（1）射频识别（RFID）

RFID 是一种非接触式的自动识别技术,通过射频信号自动识别目标对象并获取相关数据,识别工作无须人工干预,可工作于各种恶劣环境。RFID 技术可识别高速运动物体并可同时识别多个标签,操作快捷、方便。

RFID 按照能源的供给方式分为无源 RFID、有源 RFID 以及半有源 RFID。无源 RFID 读写距离近,价格低;有源 RFID 可以提供更远的读写距离,但是需要电池供电,成本要更高一些,适用于远距离读写的应用场合;半有源 RFID 则介于两者之间。

RFID 是一种通信技术,可通过无线电信号识别特定目标并读写相关数据,而无须识别系统与特定目标之间建立机械或光学接触,即是一种非接触式的自动识别技术。它由以下三部分组成。

①标签——由耦合元件及芯片组成,具有存储与计算功能,可附着或植入手机、护照、身份证、人体、动物、物品和票据中,每个标签具有唯一的电子编码,附着在物体上用于唯一标识目标对象,图 6.2 为各种类型的电子标签。根据标签的能量来源,可以将其分为被动式标签、半被动式标签和主动式标签。

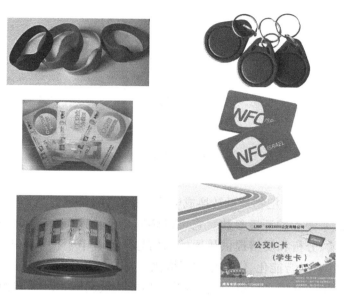

图 6.2　RFID 电子标签

②阅读器——读取(有时还可以写入)标签信息的设备,可设计为手持式或固定式,阅读器根据使用的结构和技术不同可以是读或读/写装置,是 RFID 系统信息控制和处理中心。阅读器通常由耦合模块、收发模块、控制模块和接口单元组成。阅读器和应答器之间一般采用半双工通信方式进行信息交换,同时阅读器通过耦合给无源应答器提供能量和时序。在实际应用中,可进一步通过 Ethernet 或 WLAN 等实现对物体识别信息的采集、处理及远程传送等管理功能。图 6.3 为常见桌面式 RFID 阅读器。

图 6.3　RFID 阅读器

③天线——在标签和读取器间传递射频信号。标签进入磁场后,接收解读器发出的射频信号,凭借感应电流所获得的能量发送出存储在芯片中的产品信息(Passive Tag,无源标签或被动标签),或者主动发送某一频率的信号(Active Tag,有源标签或主动标签);解读器读取信息并解码后,送至中央信息系统进行有关数据处理。图 6.4 为 RFID 天线。

海马射频识别系统
（RFID）案例

 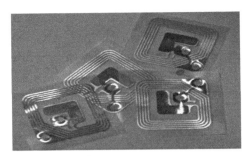

图 6.4　RFID 天线

（2）传感器技术

传感器（Sensor）是一种把物理量转换成电信号的器件，是机器感知物质世界的"感觉器官"，用来感知信息采集点的环境参数。它可以感知热、力、光、电、声和位移等信号，为物联网系统的处理、传输、分析和反馈提供最原始的信息。随着电子技术的不断进步，传统的传感器正逐步实现微型化、智能化、信息化和网络化。

①传感器的作用。从广义上讲，传感器是一种能将被测的物理量转换为与之相对应的且具有规定准确度的某种信号的换能器件或装置。由于当今电信号最易于传输和处理，故也可将传感器狭义地定义为能将被测物理量转换为电信号的装置。

传感器是整个测试系统的首要环节，其作用类似于人的感觉器官。它将被测物理量，如力、位移、温度等，转换为可测信号后，传送给测试系统的信号处理装置，供作分析、处理，以便得到所需的测量数据，或变换为相应的控制信号。

传感器也可以认为是人的感官的延伸，因为借助传感器可以去探索那些人们无法用感官直接测量的事物，如用热电偶可以测量炽热物体乃至高温炉内的温度；用超声波探测器可以测量海水深度或者承载构件内的缺陷；用红外遥感器可以从高空探测地球上的植被和污染情况；等等。因此可以说，传感器是人们认识事物的有力工具，不但在测试技术中，而且在现代信息工程、仪器仪表和自动化系统中都有着十分重要的作用。

②传感器的组成与分类。传感器一般是由敏感元件、转换元件和其他辅助元件组成（图 6.5），其中敏感元件是用来感受被测量并输出与被测量成确定关系的其他量的元件，其作用是检测感应被测物体信息。转换元件是只感受由敏感元件输出的与被测量成确定关系的其他量并将其转换成电量输出的元件，其作用是把被测物体信息转换为可用输出信号（电量）。

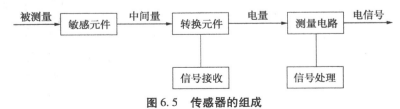

图 6.5　传感器的组成

表 6.1　常用传感器的分类

常见传感器	应用领域	示例图
温度传感器	主要应用在智能保温、环境温度检测等和温度紧密相关的领域	
烟雾传感器	主要应用在火情报警和安全探测等领域	
光传感器	主要应用在电子产品的环境光强监测上	
距离传感器	广泛应用于手机和各种智能灯具中	
心律传感器	主要应用在各种可穿戴设备和智能医疗器械上	
角速度传感器(陀螺仪)	应用在手机、导航定位以及 AR/VR 等领域	

2)信息传输技术(网络层)

物联网的无线通信技术很多,主要分为两类:一类是 ZigBee、Wi-Fi、蓝牙、Z-Wave 等短距离通信技术;另一类是 LPWAN(Low-Power Wide-Area Network,低功耗广域网),即广域网通信技术。LPWAN 又可分为两类:一类是工作于未授权频谱的 LoRa、SigFox 等技术;另一类是工作于授权频谱下,3GPP 支持的 3/4/5G 蜂窝通信技术,如 EC-GSM、LTE Cat-M、NB-IOT 等。

(1)ZigBee 技术

ZigBee 是基于 IEEE 802.15.4 标准的低功耗局域网协议。根据这个协议规定的技术是一种短距离、低功耗的无线通信技术。这一名称来源于蜜蜂的八字舞,由于蜜蜂(bee)是靠飞翔和"嗡嗡"(zig)地抖动翅膀的"舞蹈"来与同伴传递花粉所在方位信息,也就是说,蜜蜂依靠这样的方式构成了群体中的通信。其特点是近距离、低复杂度、自组织、低功耗、低数据速率、低成本,主要适合用于自动控制和远程控制领域,可以嵌入各种设备。简言之,ZigBee 就是一种便宜的、低功耗的近距离无线组网通信技术。

ZigBee 是一种无线连接,可工作在 2.4 GHz(全球流行)、868 MHz(欧洲流行)和 915 MHz(美国流行)3 个频段上,分别具有最高 250 kbit/s、20 kbit/s 和 40 kbit/s 的传输速率,它的传输距离在 10~75 m,但可以继续增加。作为一种无线通信技术,ZigBee 具有以下特点。

①功耗低:由于 ZigBee 的传输速率低,发射功率仅为 1 mW,而且采用了休眠模式,功耗低,因此 ZigBee 设备非常省电。据估算,ZigBee 设备仅靠两节 5 号电池就可以维持长达 6 个月到 2 年左右的使用时间,这是其他无线设备望尘莫及的。

②成本低:ZigBee 模块的初始成本在 6 美元左右,估计很快就能降到 1.5~2.5 美元,并且 ZigBee 协议是免专利费的。低成本对于 ZigBee 也是一个关键的因素。

③时延短:通信时延和从休眠状态激活的时延都非常短,典型的搜索设备的时延为 30 ms,休眠激活的时延为 15 ms,活动设备信道接入的时延为 15 ms。因此 ZigBee 技术适用于对时延要求苛刻的无线控制(如工业控制场合等)应用。

④网络容量大:一个星形结构的 ZigBee 网络最多可以容纳 254 个从设备和一个主设备,一个区域内可以同时存在最多 100 个 ZigBee 网络,而且网络组成灵活。

⑤可靠:采取了碰撞避免策略,同时为需要固定带宽的通信业务预留了专用时隙,避开了发送数据的竞争和冲突。MAC 层采用完全确认的数据传输模式,每个发送的数据包都必须等待接收方的确认信息。如果传输过程中出现问题可以进行重发。

⑥安全:ZigBee 提供基于循环冗余校验(CRC)的数据包完整性检查功能,支持鉴权和认证,采用 AES-128 的加密算法,各个应用可以灵活确定其安全属性。

ZigBee 模块是一种物联网无线数据终端,利用 ZigBee 网络为用户提供无线数据传输功能。该产品采用高性能的工业级 ZigBee 方案,提供 SMT 与 DIP 接口,可直接连接 TTL 接口设备,实现数据透明传输功能;低功耗设计,最低功耗小于 1 mA;提供 6 路 I/O,可实现数字量输入输出和脉冲输出;其中有 3 路 I/O 还可实现模拟量采集、脉冲计数等功能。

ZigBee 模块已广泛应用于物联网产业链中的 M2M 行业,如智能电网、智能交通、智能家居、金融、移动 POS 终端、供应链自动化、工业自动化、智能建筑、消防、公共安全、环境保护、气象、数字化医疗、遥感勘测、农业、林业、水务、煤矿和石化等领域。

（2）蓝牙技术

蓝牙（Bluetooth）是一种短距离无线电技术，以低成本的近距离无线连接为基础，为固定和移动设备通信环境建立一个特别连接的短程无线电技术。利用"蓝牙"技术，能够有效地简化掌上电脑、笔记本电脑和移动电话等移动通信终端设备之间的通信，也能够成功地简化以上这些设备与因特网之间的通信，从而使这些现代通信设备与因特网之间的数据传输变得更加迅速高效，为无线通信拓宽了道路。它具有无线性、开放性和低功耗等特点。

蓝牙设备的工作频段选在全球通用的 2.4 GHz 的 ISM（工业、科学、医学）频段，这样用户不必经过申请便可以在 2 400～2 500 MHz 内选用适当的蓝牙无线电收发器频段。频道采用 23 个或 79 个，频道间隔均为 1 MHz，采用时分双工方式。调制方式为 BT=0.5 的 GFSK，调制指数为 0.28～0.35。

蓝牙技术产品应用于移动电话、家庭及办公室电话系统中，可以实现真正意义上的个人通信，即个人局域网。这种个人局域网采用移动电话为信息网关，使各种便携式设备之间可以交换内容。

在商务办公方面，可以实现数据共享，资料同步。利用蓝牙技术还可以制造电子钱包和电子锁，在很多消费场合进行电子付账或在宾馆接待处实现电子登记服务等。在家庭方面，蓝牙技术可以将新型家电、家庭安防设施、家居自动化与某一类型的网络进行有机结合，建立了一个智能家居系统。

（3）Wi-Fi 技术

Wi-Fi 是 IEEE 定义的一个无线网络通信的工业标准（IEEE 802.11），也可以看作 3G 技术的一种补充。Wi-Fi 技术与蓝牙技术一样，同属于在办公室和家庭中使用的无线局域网通信技术。Wi-Fi 是一种短程无线传输技术，能够在数百英尺内支持互联网接入无线电信号。它的最大优点是传输速度较高，在信号较弱或有干扰的情况下，带宽可调整，有效地保障了网络的稳定性和可靠性。但是随着无线局域网应用领域的不断拓展，其安全问题也越来越受到重视。

①Wi-Fi 技术概念

Wi-Fi（Wireless Fidelity）俗称无线宽带，又称 802.11b 标准，是 IEEE 定义的一个无线网络通信的工业标准。IEEE 802.11b 标准是在 IEEE 802.11 的基础上发展起来的，工作在 2.4 GHz 频段，最高传输率能够达到 11 Mbps。该技术是一种可以将个人电脑、手持设备等终端以无线方式互相连接的一种技术。目的是改善基于 IEEE 802.1 标准的无限网络产品之间的互通性。

Wi-Fi 局域网本质的特点是不再使用通信电缆将计算机与网络连接起来，而是通过无线的方式连接，从而使网络的构建和终端的移动更加灵活。

②Wi-Fi 的组成

Wi-Fi 是由 AP（Access Point）和无线网卡组成的无线网络。AP 一般称为网络桥接器或接入点，它被当作传统的有线局域网络与无线局域网络之间的桥梁，因此任何一台装有无线网卡的 PC 均可通过 AP 去分享有线局域网络甚至广域网络的资源，其工作原理相当于一个内置无线发射器的 Hub 或者路由,而无线网卡则是负责接收由 AP 所发射信号的 Client 端设备。

一般架设无线网络的基本配备就是无线网卡及一台 AP,如此便能以无线的模式,配合既有的有线架构来分享网络资源,架设费用和复杂程序远远低于传统的有线网络。如果只是几台电脑的对等网,也可不要 AP,只需要每台电脑配备无线网卡。AP 一般翻译为"无线访问节点"或"桥接器"。它主要在媒体存取控制层 MAC 中扮演无线工作站及有线局域网络的桥梁。有了 AP,就像一般有线网络的 Hub 一般,无线工作站可以快速且轻易地与网络相连。特别是对宽带的使用,Wi-Fi 更显优势,有线宽带网络(ADSL、小区 LAN 等)到户后,连接到一个 AP,然后在电脑中安装一块无线网卡即可。普通的家庭有一个 AP 已经足够,甚至用户的邻里得到授权后,则无须增加端口,也能以共享的方式上网。

(4)LoRa 技术

LoRa 的全称是"Long Rang",是 LPWAN 一种成熟的通信技术。它是美国 Semtech 公司的一种基于扩频技术的低功耗超长距离无线通信技术,也是 Semtech 公司的私有物理层技术,主要采用的是窄带扩频技术,抗干扰能力强,大大改善了接收灵敏度,在一定程度上奠定了 LoRa 技术的远距离和低功耗性能的基础。

LoRa 无线技术使用全球免费频段,基站或者网关有很强的穿透能力,在郊区连接传感器的距离可以达到 $15 \sim 30$ km。LoRa 使用异步协议,节点可以根据完成具体的任务而进行长短不一的休眠,辅以较低的数据速率,使得电池的寿命可达到 $3 \sim 10$ 年。覆盖范围广、使用时间长,而且 LoRa 的节点可以达到百万级,这些显著的特征使得 LoRa 技术可以应用在要求功耗低、远距离、大量连接等物联网应用。

(5)NB-IOT 技术

NB-IOT(Narrow Band Internet of Things)是可与蜂窝网融合演进的低成本电信级高可靠性、高安全性广域物联网技术。

NB-IOT 构建于蜂窝网络之上,只消耗约 180 kHz 的频段,可以直接部署于 GSM 网络、UMTS 网络和 LTE 网络。NB-IOT 采用的是授权频带技术,以降低成本。

NB-IOT 具有以下四大优势。

一是海量链接的能力。在同一基站的情况下,NB-IOT 可以比现有无线技术提供 $50 \sim 100$ 倍的接入数。一个扇区能够支持 10 万个连接,设备成本降低,设备功耗降低,网络架构得到优化。

二是覆盖广。在同样的频段下,NB-IOT 比现有的网络增益提升了 20 dB,相当于提升了 100 倍的覆盖面积。

三是低功耗。NB-IOT 借助 PSM(Power Saving Mode,节电模式)和 eDRX(Extended Discontinuous Reception,超长非连续接收)可实现更长待机,它的终端模块待机时间可长达 10 年之久。

四是低成本。NB-IOT 和 LoRa 不同,不需要重新建网,射频和天线都是可以复用的,企业预期的模块价格也不会超过 5 美元。

根据 NB-IOT 低功耗、广覆盖、大连接、低成本、低速率等特点,再结合移动性能不强,适合静止的场景,我们可以考虑的应用领域就显而易见了,智能计量,对水、煤气、电力的数据采集,数据量小,节省人力;智能报警,如家庭温度和烟雾的增加,通过传感器与网络进行通信,达到保护家庭安全;智慧工业和农业,进行物流、资产跟踪、农林牧渔控制等;智能自行车,最近较火爆的共享单车,随处可见,对于共享单车公司,最重要的是可以实时监测自行车的位置,公司将 SIM 卡隐藏到自行车上,这样自行车的被盗数量和成本就会大幅度减少;智能垃圾桶,智能停车,智能医疗等,都可以使用这项技术。

6.1.3 物联网典型应用

1)智能电网

智能电网是以特高压电网为骨干网架、各电压等级电网协调发展的坚强电网为基础,以物理电网为基础,将现代先进的传感测量技术、通信技术、信息技术、计算机技术和控制技术与物理电网高度集成而形成的新型电网。它涵盖发电、输电、变电、配电、用电和调度等各个环节,对电力市场中各利益方的需求和功能进行协调,在保证系统各部分高效运行、降低运营成本和环境影响的同时,尽可能地提高系统的可靠性、自愈性和稳定性。

智能电网由很多部分组成,可分为智能变电站、智能配电网、智能电能表、智能交互终端、智能调度、智能家电、智能用电楼宇、智能城市用电网、智能发电系统和新型储能系统,如图 6.6 所示。图 6.7 为智能电网应用实景图。

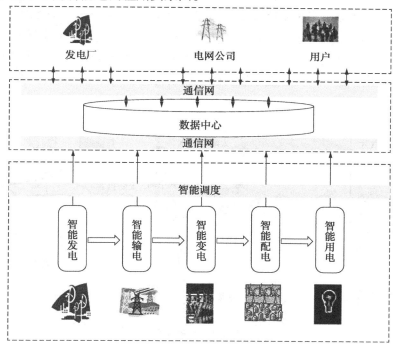

图 6.6 智能电网

图 6.7　智能电网应用

**智能电网解决方案的
典型应用实例**

2）智能家居

智能家居（smart home，home automation）是以住宅为平台，利用综合布线技术、网络通信技术、安全防范技术、自动控制技术和音视频技术将家居生活有关的设施集成，构建高效的住宅设施与家庭日程事务的管理系统，提升家居安全性、便利性、舒适性和艺术性，并实现环保节能的居住环境。

智能家居通过物联网技术将家中的各种设备（如音视频设备、照明系统、窗帘控制、空调控制、安防系统、数字影院系统、影音服务器、影柜系统、网络家电等）连接在一起，提供家电控制、照明控制、电话远程控制、室内外遥控、防盗报警、环境监测、暖通控制、红外转发以及可编程定时控制等多种功能和手段，如图 6.8 所示。与普通家居相比，智能家居不仅具有传统的居住功能，兼备建筑、网络通信、信息家电、设备自动化，提供全方位的信息交互功能，甚至减少各种能源费用支出。图 6.9 为智能家居功能模块结构。

**国内外智能家居
经典案例**

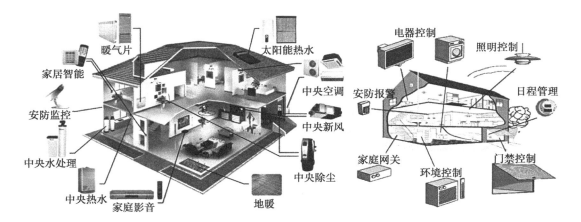

图 6.8　智能家居

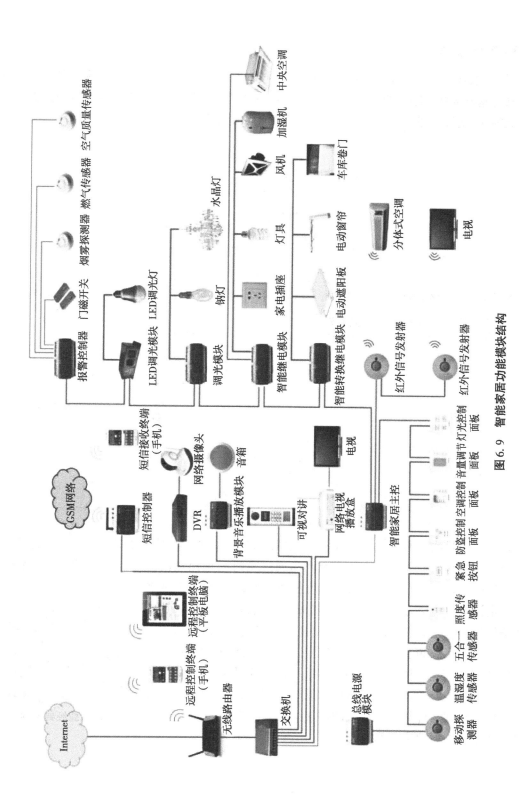

图6.9　智能家居功能模块结构

3）智能农业

"智能农业"是云计算、传感网等多种信息技术在农业中综合、全面的应用,实现更完备的信息化基础支撑、更透彻的农业信息感知、更集中的数据资源、更广泛的互联互通、更深入的智能控制、更贴心的公众服务。图 6.10 为智能农业案例结构图。

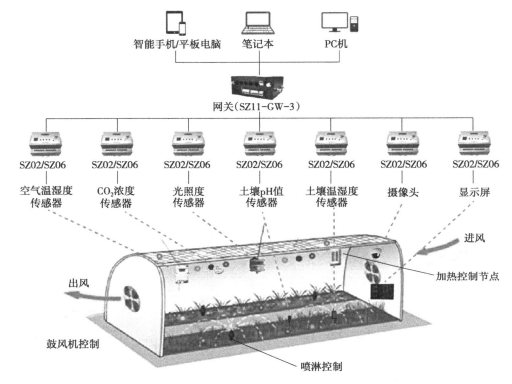

图 6.10 智能农业案例结构图

智能农业是物联网技术在现代农业领域的应用,主要有监控功能系统、监测功能系统、实时图像与视频监控功能。智能农业产品通过实时采集温室内温度、土壤温度、CO_2 浓度、湿度信号以及光照、叶面湿度、露点温度等环境参数,自动开启或者关闭指定设备。可以根据用户需求,随时进行处理,为设施农业综合生态信息自动监测、对环境进行自动控制和智能化管理提供科学依据。通过模块采集温度传感器等信号,经由无线信号收发模块传输数据,实现对大棚温湿度的远程控制。图 6.11 为智能农业功能模块结构。智能农业还包括智能粮库系统,该系统通过将粮库内温湿度变化的感知与计算机或手机的连接进行实时观察,记录现场情况以保证粮库的温湿度平衡。

智能农业经典案例

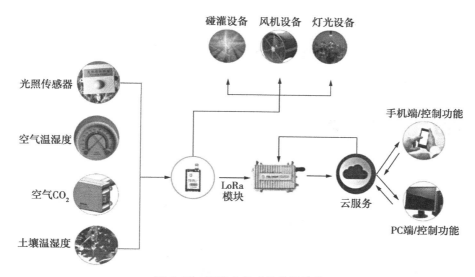

图 6.11　智能农业功能模块结构

4）智能物流

智能物流就是利用条形码、射频识别技术、传感器、全球定位系统等先进的物联网技术，通过信息处理和网络通信技术平台广泛应用于物流业运输、仓储、配送、包装、装卸等基本活动环节，实现货物运输过程的自动化运作和高效率优化管理，提高物流行业的服务水平，降低成本，减少自然资源和社会资源消耗。图 6.12 为智能物流。物联网为物流业将传统物流技术与智能化系统运作管理相结合提供了一个很好的平台，进而能够更好、更快地实现智能物流的信息化、智能化、自动化、透明化系统的运作模式。智能物流在实施过程中强调的是物流过程数据智慧化、网络协同化和决策智慧化。图 6.13 为智能物流系统解决方案的范例。

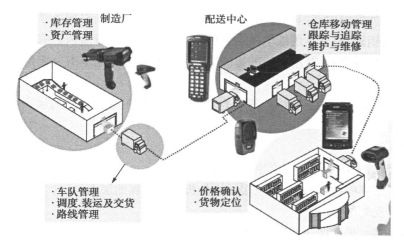

图 6.12　智能物流

智能物流案例

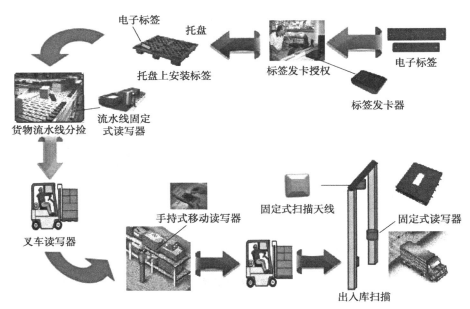

电子标签
托盘
托盘上安装标签
标签发卡授权
电子标签
标签发卡器
货物流水线分拣
流水线固定式读写器
叉车读写器
手持式移动读写器
固定式扫描天线
固定式读写器
出入库扫描

图 6.13　智能物流系统解决方案范例

6.1.4　思考与创新训练

　　微软公司创始人比尔·盖茨耗费巨资,经历数年建造起来的大型科技豪宅,这个被称为世界最聪明的房子,完成了高科技与家居生活的完美对接,成为世界一大奇观。

　　这所被称为"未来屋"的神秘科技住宅,从本质上来说其实就是智能家居。比尔·盖茨通过自己的"未来屋",一方面全面展示了微软公司的技术产品与未来的一些设想;另一方面也展示了人类未来智能生活场景,包括厨房、客厅、家庭办公、娱乐室、卧室等一应俱全。室内的触摸板能够自动调节整个房间的光亮、背景音乐、室内温度等,就连地板和车道的温度也都是由计算机自动控制,此外房屋内部的所有家电通过无线网络连接,同时配备了先进的声控及指纹技术,进门不用钥匙,留言不用纸笔,墙上有耳,随时待命。尽管盖茨之家至今已经有相当长的一段时间,从目前来看,其所构建的智能家居系统与理念还是具有一定的引领性。

　　选题:以"比尔·盖茨的豪宅"为例展开主题,题目自拟。关注物联网应用场景的层次结构以及每一层用到了哪些技术。

　　讨论稿需包含以下关键点:

　　①物联网场景的功能展示,采用图片匹配文字形式展现。

　　②针对此场景可能用到了哪些技术,并通过三层结构分析技术所属的层面。

　　格式要求:采用 PPT 的形式展示。

　　考核方式:每人自选一主题,采取课内发言,时间要求 3～5 min。

任务2　移动互联网技术认知

✦引导案例

移动互联网规模大大膨胀,基于移动互联网的应用呈井喷式增长,网络运营商的"领地"正在发生变化。随着智能手机、平板电脑等移动设备的普及,移动互联网的发展更加全面且迅速。

美国《华尔街日报》称,移动互联网改变了中国人的生活方式。在美国生活时,美国有线电视新闻网(CNN)记者威尔·雷普利(Will Ripley)经常不用现金支付,他写支票支付房租,在网上支付大部分账单,但他必须随身携带信用卡或借记卡。但在北京,他惊讶地发现,自己在生活中可以完全不用钱包,而且非常轻松便捷。

在北京,从街头小贩到大型连锁店,越来越多的商家接受移动支付。对企业而言,此举不仅方便快捷,还可以通过大数据追踪消费者的消费喜好。正如CNN所说,在数亿人使用的支付宝和微信推动下,中国的移动支付市场快速发展,把美国远远甩在了后面。

在现代中国的各大城市,雷普利的经历并不鲜见。《华尔街日报》记者黄梦琳(音)也在深圳成功体验了24 h无现金生活。对许多年轻人来说,主要通过支付宝和微信进行的移动支付,已成为生活不可或缺的一部分。

想一想:案例中移动互联网改变了我们哪些生活方式。

✦任务目标

通过本任务的学习应掌握以下内容:

- 移动互联网的特征及应用;
- 移动智能终端相关知识;
- 车载智能终端相关知识。

6.2.1　移动互联网概述

移动互联网,就是将移动通信和互联网两者结合起来,成为一体,是指互联网的水平、平台、商业模式和应用与移动通信技术结合并实践的活动的总称。在最近几年里,移动通信和互联网成为当今世界发展最快、市场潜力最大、前景最诱人的两大业务。

"小巧轻便"及"通信便捷"两个特点,决定了移动互联网与PC互联网的根本不同之处,发展趋势及相关联之处。与传统的桌面互联网相比,移动互联网具有以下几个鲜明的特性。

（1）便捷性和便携性

移动互联网的基础网络是一张立体的网络,GPRS、3G、4G 和 WLAN 或 Wi-Fi 构成的无缝覆盖,使移动终端具有比通过上述任何形式更方便联通网络的特性;移动互联网的基本载体是移动终端,顾名思义,这些移动终端不仅是智能手机、平板电脑,还有可能是智能眼镜、手机、服装、饰品等各类随身物品。它们属于人体穿戴的一部分,随时随地都可使用。

（2）即时性和精确性

由于有了上述便捷性和便利性,人们可以充分利用生活中、工作中的碎片化时间,接收和处理互联网的各类信息。不再担心有任何重要信息、时效信息被错过了。无论是什么样的移动终端,其个性化程度都相当高。尤其是智能手机,每一个电话号码都精确地指向了一个明确的个体,使移动互联网能够针对不同的个体,提供更为精准的个性化服务。

（3）感触性和定向性

这一点不仅是体现在移动终端屏幕的感触层面,更重要的是体现在照相、摄像、二维码扫描,以及重力感应、磁场感应、移动感应、温度和湿度感应等无所不及的感触功能。而基于 LBS 的位置服务,不仅能够定位移动终端所在的位置,而且可以根据移动终端的趋向性,确定下一步可能去往的位置,使相关服务具有可靠的定位性和定向性。

（4）业务与终端、网络的强关联性和业务使用的私密性

由于移动互联网业务受到了网络及终端能力的限制,因此,其业务内容和形式也需要适当特定的网络技术规格和终端类型。在使用移动互联网业务时,所使用的内容和服务更私密,如手机支付业务。

（5）网络的局限性

移动互联网业务在便携的同时,也受到了来自网络能力和终端能力的限制:在网络能力方面,受到无线网络传输环境和技术能力等因素限制;在终端能力方面,受到终端大小、处理能力和电池容量等的限制。

以上这五大特性,构成了移动互联网与桌面互联网完全不同的用户体验生态。移动互联网已经完全渗入人们生活、工作、娱乐的方方面面了。

6.2.2　移动智能终端

1）移动智能终端概念

移动智能终端简称智能终端,它拥有接入互联网的能力,通常搭载各种操作系统,可根据用户需求定制化各种功能。生活中常见的移动智能终端包括车载智能终端、智能电视和可穿戴设备等。

移动智能终端是指具有操作系统,使用宽带无线移动通信技术实现互联网接入,能够通

过下载、安装应用软件和数字内容为用户提供服务的移动终端产品。移动智能终端要具备高速接入网络的能力,4G/Wi-Fi 等无线接入技术的发展,使无线高速数据传输成为可能,移动智能终端可方便地接入互联网;也要具备开放的、可扩展的操作系统平台,这个操作系统平台能够在用户使用过程中灵活地安装和卸载来自第三方的各种应用程序和数字内容,承载更多应用服务,从而使终端的功能可以得到灵活扩展。

2)移动智能终端的分类

（1）智能手机

智能手机(Smartphone),是指"像个人电脑一样,具有独立的操作系统,可以由用户自行安装软件、游戏等第三方服务商提供的程序,通过此类程序来不断对手机的功能进行扩充,并可以通过移动通信网络来实现无线网络接入的这样一类手机的总称"。手机已从功能性手机发展到以 Android、IOS 系统为代表的智能手机时代,是可以在较广范围内使用的便携式移动智能终端,已发展至 4G 时代。

（2）笔记本

笔记本有两种含义:第一种是指用来记录文字的纸制本子,第二种是指笔记本电脑。而笔记本电脑又被称为便携式电脑,其最大的特点就是机身小巧,相比 PC 方便携带。虽然笔记本的机身十分轻便,但完全不用怀疑其应用性,在日常操作和基本商务、娱乐操作中,笔记本电脑完全可以胜任。在全球市场上有多种品牌,排名前列的有联想、华硕、戴尔(Dell)、ThinkPad、惠普(HP)、苹果(Apple)、宏碁(Acer)、索尼、东芝和三星等。

（3）PDA

PDA 又称掌上电脑,如图 6.14 所示,可帮助人们完成在移动中工作、学习和娱乐等。按使用来分类,分为工业级 PDA 和消费品 PDA。工业级 PDA 主要应用在工业领域,常见的有条码扫描器、RFID 读写器、POS 机等。工业级 PDA 内置高性能进口激光扫描引擎、高速CPU 处理器、Windows CE 5.0/Android 操作系统,具备超级防水、防摔及抗压能力,广泛用于鞋服、快消、速递、零售连锁、仓储、移动医疗等多个行业的数据采集,支持 BT/GPRS/3G/Wi-Fi 等无线网络通信。消费品 PDA 比较多,包括智能手机、平板电脑、手持的游戏机等。

图 6.14　PDA

（4）平板电脑

平板电脑(Tablet Personal Computer, Tablet PC、Flat PC、Tablet、Slates),是一种小型、方

便携带的个人电脑,以触摸屏作为基本的输入设备。它拥有的触摸屏(也称为数位板技术)允许用户通过触控笔或数字笔来进行作业而不是传统的键盘或鼠标。用户可以通过内置的手写识别、屏幕上的软键盘、语音识别或者一个真正的键盘(如果该机型配备的话)来操作。平板电脑由比尔·盖茨提出,支持来自 Intel、AMD 和 ARM 的芯片架构,从微软提出的平板电脑概念产品上看,平板电脑就是一款无须翻盖、没有键盘、小到可放入女士手袋,却功能完整的 PC。

(5)可穿戴设备

越来越多的科技公司开始大力开发智能眼镜、智能手表、智能手环和智能戒指等可穿戴设备产品,如图 6.15 所示。智能终端开始与时尚挂钩,人们的需求不再局限于可携带,更追求可穿戴,人们的手表、戒指、眼镜都有可能成为智能终端。

图 6.15 可穿戴设备

3)移动智能终端的特点

移动智能终端通常具备四大特征:

一是具备高速接入网络的能力;

二是具备开放的、可扩展的操作系统平台;

三是具备较强的处理能力;

四是具备丰富的人机交互方式(触控、语音识别等方式得到凸显)。

4)移动智能终端的操作系统

移动终端操作系统有苹果的 iOS、谷歌的 Android、惠普的 Web OS、开源的 MeeGo 及微软的 Windows 等。

(1)iOS 系统

iOS 是由苹果公司开发的移动操作系统。苹果公司最早于 2007 年 1 月 9 日的 Macworld 大会上公布这个系统,最初是设计给 iPhone 使用的,后来陆续套用到 iPod touch、iPad 以及 Apple TV 等产品上。iOS 与苹果的 Mac OS X 操作系统一样,属于类 Unix 的商业操作系统。原本这个系统名为 iPhone OS,因为 iPad、iPhone、iPod touch 都使用 iPhone OS,所以 2010WWDC 大会上宣布改名为 iOS(iOS 为美国 Cisco 公司网络设备操作系统注册商标,苹果改名已获得 Cisco 公司授权)。

(2)Android 系统

Android 是一种基于 Linux 的自由及开放源代码的操作系统,主要使用于移动设备,如智能手机和平板电脑,由 Google 公司和开放手机联盟领导及开发。尚未有统一中文名称,中国较多人使用"安卓"或"安致"。第一部 Android 智能手机发布于 2008 年 10 月。Android 逐渐扩展到平板电脑及其他领域上,如电视、数码相机和游戏机等。

（3）Windows 系统

Microsoft Windows 是美国微软公司研发的一套操作系统,它问世于 1985 年,起初仅仅是 Microsoft-DOS 模拟环境,后续的系统版本由于微软不断地更新升级,不但易用,也慢慢地成为人们最喜爱的操作系统。

6.2.3　车载智能终端

车载智能终端(又称卫星定位车载智能终端)融合了 GPS 技术、里程定位技术及汽车黑匣技术,能用于对运输车辆的现代化管理,包括行车安全监控管理、运营管理、服务质量管理、智能集中调度管理和电子站牌控制管理等。

1）主要功能

①实现对运行车辆的动态监控管理,通过 GIS 平台实时、准确显示车辆的动态运行状态,包括车速、里程、到站离站时间、站名、运行路段、堵车、火警、车辆故障、超速告警及超速提示、赖站告警及赖站提示、疲劳驾驶提示、自动报站等。主要用于公交、长途客车、定线物流车辆的智能管理。

②可以通过 GIS 平台实现对运行车辆的动态定位跟踪及监控、在公交及长途枢纽站实现运行车辆的集中调度。

③可以实现对电子站牌显示信息实时、准确控制。

④智能终端具有驾乘人员身份识别功能,驾乘人员均有一张存储有本人信息的 IC 卡(姓名、工号、路队编号),驾乘人员当班时必须在智能终端读卡器刷卡,智能终端可通过对驾乘人员身份识别确定驾乘人员身份,由于智能终端输出控制直接控制车辆的点火电路,只有确认驾乘人员的真实身份后,驾乘人员才能启动车辆。在营运过程中,智能终端并会自动将当班驾乘人员姓名、ID 号录入在各类运行报表中。在长途客运和物流车辆管理中,如当班驾驶员连续驾车 4 h(可人工设置),车载终端会自动提示驾驶员休息。

⑤智能终端能自动采集、存储公交一卡通刷卡数据,经处理后可直接传送到计算中心,不需专用人员上车进行数据采集。

⑥智能终端具有 GPS 卫星定位功能,使终端具有里程定位和卫星定位两种定位功能,以适应不同用户需求。

⑦智能车载终端配备有应急事件处理装置,可构成"道路交通安全预警及救援系统"(即将申请发明专利)。车辆出现超速、疲劳驾驶时车载终端会自动向驾驶人员发出安全预警提示信息。如遇应急事件(交通事故、火警等),驾乘人员或乘客可启动智能终端特定装置,车载终端自动发送求救信息到 122、119、120 等中心。中心将显示求救车辆的线路号、车号、发生事故路段、时间等内容,能实时、准确对事故车辆进行救援,并发出语音求救信息。

如遇治安事件可及时进行抓拍,能发出语音预警。

2)车载GPS系统的组成

车载 GPS 系统主要由三大部分组成:车载 GPS 监控终端、通信网络及调度指挥中心,如图 6.16 所示。

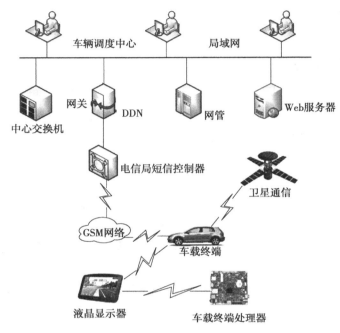

车辆调度中心　　　局域网

网关　DDN　网管　Web服务器

中心交换机

电信局短信控制器

卫星通信

GSM网络　车载终端

液晶显示器　车载终端处理器

图 6.16　车载终端系统的组成

系统工作原理如下:车载终端接收 GPS 定位信号,并将车辆的位置和状态信息传送到调度指挥中心;同时,接收调度指挥中心的控制数据,并且对车辆进行控制。GSM 网络是车载单元和监控中心进行信息交换的数据链路。其功能如下:将 GPS 定位信息准确地传回调度中心;将调度中心的控制数据传给车载设备。由车载 GPS 系统所确定的车辆位置信息通过车载通信单元将其发送给调度指挥中心,调度指挥中心便可及时掌握车辆的具体位置,并可以直观、清晰地显示在电子地图上。调度指挥中心随时可以知道入网移动目标的方位,不仅可以进行安全合理的监控调度,而且可以为入网移动目标提供无线通信、遇险报警和决策指挥等多项服务。

车载终端设备主要由 GPS 接收机、GSM/GPRS 收发模块、FSK 调制模块、主控制模块及汽车防盗器、外接探头等各种外接设备组成。GPS 模块接收卫星的定位信号运算出自身的位置(经度、纬度、高度)、时间和运动状态(速度、航向),每秒一次送给单片机并存储,以便随时提供定位信息。MCU 单片机控制整个车载台的协调工作。GSM/GPRS 模块负责无线的收发传输。FSK 部分负责对数据的调制解调,接收中心的指令数据和发射车载台的报警等信息。

6.2.4　思考与创新训练

1）思考

移动互联网是移动通信和互联网融合的产物，人们通过使用无线智能终端（手机、PDA、平板电脑、车载 GPS、智能手表等），可以实现任何时间、任何地点、以任何方式获取并处理信息需求，这是人们信息输入的重要端口。

人们熟悉的腾讯的微信支付和阿里的支付宝，都是以支付平台为核心，是移动互联网发展的产物。围绕这个核心，从线上到线下的 O2O 交易得以实现。因为移动支付的便利性，使实时交易成为可能。同时，地理位置的获取，在方便交易的同时，也能够实现实时监控，保障交易双方的安全。试想，如果不是这两个技术的成熟，你怎么能在想要去哪里的时候，就搭上邻居的车呢？又或者，你要租车的时候，怎么找到离你最近的交易者呢？

请分析移动互联网的特点与优势在这个案例中得到了哪些体现。

2）创新训练

选题：以"移动互联网的未来发展趋势"为主题，题目自拟，充分发挥自己的想象力，憧憬未来的生活。

讨论稿需包含以下关键点：

①移动互联网有哪些特点，采用图片匹配文字形式展现。

②开动脑筋发挥想象，说出你能想到的未来可以扩展的移动共享经济。

格式要求：采用 PPT 的形式展示。

考核方式：每人自选一主题，采取课内发言，时间要求 3～5 min。

单元7 信息系统

信息系统(Information System,IS)是由计算机硬件、网络和通信设备、计算机软件、信息资源、信息用户和规章制度组成的以处理信息流为目的的人机一体化系统。它是一门新兴的科学,其主要任务是最大限度地利用现代计算机及网络通信技术加强企业的信息管理,通过对企业拥有的人力、物力、财力、设备、技术等资源的调查了解,建立正确的数据,加工处理并编制成各种信息资料及时提供给管理人员,以便进行正确的决策,不断提高企业的管理水平和经济效益。通过本单元的学习将加深对信息系统的认知,掌握一定的信息系统开发方法。

任务 1 信息系统的认知

→引导案例

随着时代的前进、技术的进步,某高校因学校规模的不断扩大,学生数量的不断增长,先前采用的人工记录的方式,如学生成绩查询、学生选课、教师登成绩、教师调停课等,已经不能够满足学生管理工作的需要。因为这些传统的管理方式存在太多的缺陷,例如:

- 维护数据的性能低下;
- 查询信息不方便;
- 选课效率不高;
- 维护成绩信息的工作量大。

为了弥补上述缺陷,便于学生成绩信息的管理与维护,提高管理的效率,从而开发出学生成绩管理系统,以实现学校的现代信息化管理,该信息系统分析确定了以下目标,如图7.1所示。

1）教师端功能

①可以更改登录密码。

②可以添加学生，填写学生基本信息。

③可以根据学号查询学生基本信息及其成绩。

④有权限控制，每个管理员只能管理其所在学院的信息。

⑤可以控制选课的课程范围，并可以控制选课的时间，即可以控制选课的开始与结束。

⑥可以录入成绩，保存成绩，检查无误后提交并公布成绩。

2）学生端功能

①学生可以修改个人登录密码。

②学生可以查看自己的基本信息。

③学生端可以进行远程选课。

④学生可以查看所在班级课表。

⑤学生可以查看自己的成绩，已修学分和不及格成绩信息。

该信息系统包括的实体主要有学院、系别、专业、班级、学生和课程等，如图 7.2 所示。

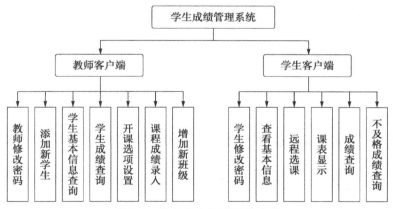

图 7.1　该校信息管理系统功能

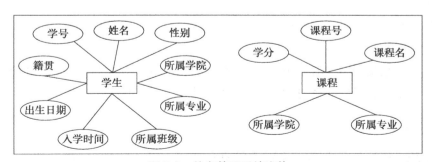

图 7.2　信息管理系统实体

想一想：案例中该高校引入信息系统起到了什么作用，为学校的信息化管理解决了哪些难题？

↓任务目标

通过本任务的学习应掌握以下内容：
- 信息系统的定义；
- 信息系统的特点；
- 信息系统的类型；
- 信息系统的开发方法。

7.1.1 信息系统概述

1）信息系统的定义

信息系统，其定义很多，大同小异。简言之，信息系统是一个进行信息处理的系统。信息系统可以不涉及计算机等现代技术，甚至可以是纯人工的。现代基于计算机技术的信息系统，是指以提供信息服务为主要目的的数据密集型、人机交互的计算机应用系统。信息系统包括信息处理系统和信息传输系统两个方面。信息处理系统对数据进行处理，使它获得新的结构与形态或者产生新的数据；信息传输系统不改变信息本身的内容，作用是把信息从一处传到另一处。

2）信息系统的特点

从技术层面上讲，信息系统有四个特点：

（1）数据量大

数据一般需存放在辅助存储器中，内存中只暂存当前要处理的一小部分数据。

（2）数据持久性

绝大部分数据是持久的，即不随程序运行的结束而消失，而需长期保留在计算机系统中。

（3）数据共享性

这些持久数据为多个应用程序所共享，甚至在一个单位或更大范围内共享。

（4）功能多样性

除具有数据采集、传输、存储和管理等基本功能外，还可向用户提供信息检索、统计报表、事务处理、规划、设计、指挥、控制、决策、报警、提示和咨询等信息服务。

3）信息系统的类型

信息系统一般分为作业信息系统和管理信息系统两大类，管理信息系统的应用更为广泛。

（1）作业信息系统

作业信息系统的任务是处理组织的业务、控制生产过程、支持办公事务和更新有关的数据库。

作业信息系统通常由以下三部分组成。

①业务处理系统。它的目标是迅速、及时、正确地处理大量的信息，提高管理工作的效率和水平，如进行产量统计、成本计算和库存记录等。

②过程控制系统。它主要用计算机控制正在进行的生产过程，如炼油厂通过敏感元件对生产数据进行监测，并予以实时调整。

③办公自动化系统。它以先进技术和自动化办公设备（如文字处理设备、电子邮件、轻印刷系统等）支持用户的部分办公业务活动。这种系统较少涉及管理模型和管理方法。

（2）管理信息系统

管理信息系统（Management Information System，MIS）是一个以人为主导，利用计算机硬件、软件、网络通信设备以及其他办公设备，进行信息的收集、传输、加工、储存、更新和维护，以企业战略竞优、提高效益和效率为目的，支持企业的高层决策、中层控制、基层运作的集成化的人机系统。

它是一门新兴的科学，其主要任务是最大限度地利用现代计算机及网络通信技术加强企业的信息管理，通过对企业拥有的人力、物力、财力、设备和技术等资源的调查了解，建立正确的数据，加工处理并编制成各种信息资料及时提供给管理人员，以便进行正确的决策，不断提高企业的管理水平和经济效益。目前，企业的计算机网络已成为企业进行技术改造及提高企业管理水平的重要手段。

完善的 MIS 具有以下四个标准：

①确定的信息需求；

②信息的可采集与可加工；

③可以通过程序为管理人员提供信息；

④可以对信息进行管理。

具有统一规划的数据库是 MIS 成熟的重要标志，它象征着 MIS 是软件工程的产物。通过 MIS 实现信息增值，用数学模型统计分析数据，实现辅助决策。MIS 是发展变化的，MIS 有生命周期。

7.1.2　信息系统开发方法简介

信息系统开发涉及的领域广泛、部门众多，是一项复杂的系统工程；开发人员需要掌握计算机技术、管理学、组织行为学等众多领域的知识；管理信息系统的开发是在信息系统规划与设计的基础上逐步实现系统功能的过程。

目前使用较为广泛的有结构化方法、原型法、面向对象方法和计算机辅助开发方法等，或者采用多种方法的集成技术进行开发以提高开发效率。每种方法都有自己的适用范围或局限性,无论使用那种开发方法,都必须能够满足提高信息系统的开发效率和保证信息系统的质量两个方面的要求。

1)结构化方法

生命周期法(Structured System Analysis And Design,SSA&D)又称结构化生命周期法,如图 7.3 所示。

其基本思想是用系统工程的思想和工程化的方法,以"用户至上"为原则,结构化、模块化,自顶向下地进行分析和设计。同时也是系统分析员、软件工程师、程序员以及最终用户以"用户至上"为原则,自顶向下分析与设计和自底向上逐步实施的建立计算机信息系统的一个过程,是组织、管理和控制信息系统开发过程的一种基本框架。

图 7.3　生命周期法

(1)生命周期法的开发过程

①系统规划阶段:该阶段涉及的范围是整个业务系统,目的是从业务的整体角度出发确定系统开发的优先级。

②系统分析阶段:主要内容包括可行性分析和需求分析。其范围是列入开发计划的单个信息系统开发项目。其目的是分析业务上存在的问题,明确业务需求。

③系统设计阶段:该阶段的目的是设计一个以计算机为基础的技术解决方案以满足用户的业务需求,总体设计的主要任务是构造软件的总体结构;详细设计包括人机界面设计、数据库设计、程序设计。

④系统实施阶段:该阶段的目的是组装信息系统技术部件,并最终使信息系统投入运行。涉及的活动主要有编程、测试、用户培训、新旧系统之间的切换等。

⑤系统运行与维护阶段:该阶段的目的是对信息系统进行维护,保证其正常运作。

(2)生命周期法的优点

①阶段的顺序性和依赖性,即前一个阶段的完成是后一个阶段工作的前提和依据,而后一阶段的完成往往又使前一阶段的成果在实现过程中提高了一个层次。

②从抽象到具体,逐步求精。从时间的进程来看,整个系统的开发过程是一个从抽象到具体的逐步实现过程,每一阶段的工作,都体现出自顶向下、逐步求精的结构化技术特点。

③逻辑设计与物理设计分开,即首先进行系统分析,得到系统的逻辑模型;然后进行系统设计,得到系统的物理模型,从而大大提高了系统的正确性、可靠性和可维护性。

④质量保证措施完备,对每一个阶段的工作任务完成情况进行审查,对于出现的错误或问题,及时加以解决,不允许将错误转入下一工作阶段,也就是对本阶段工作成果进行评定,使错误较难传递到下一阶段。错误纠正得越早,所造成的损失就越少,如图 7.4 所示。

(3)生命周期法的缺点

①该方法是一种预先定义需求的方法,必须能够在早期就冻结用户的需求,只适应于可在早期就能完全确定用户需求的项目。

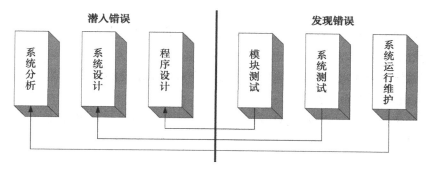

图 7.4 错误的"堆栈"现象

②然而在实际中要做到这一点是不现实的,用户往往很难准确地陈述其需求。

③未能很好地解决系统分析到系统设计之间的过渡,即如何让物理模型如实反映出逻辑模型的要求,通俗地说,就是如何实现从纸上谈兵到真枪实弹地作战的转变过程。

④该方法的文档编写工作量极大,随着开发工作的进行,这些文档需要及时更新。

从生命周期法的特点可知,该方法适用于一些组织相对稳定、业务处理过程规范、需求明确且在一定时期内不会发生大的变化的大型复杂系统的开发。

2)原型法

基本思想是试图改进生命周期法的缺点,凭借系统开发人员对用户要求的理解,在短时间内先定义用户的基本需求,通过强有力的软件环境支持,开发出一个功能并不十分完善的、实验性的、简易的信息系统原型。然后针对这个原型,与用户一起反复进行补充、修改、完善、发展,直至得到令用户满意的系统,如图 7.5 所示。

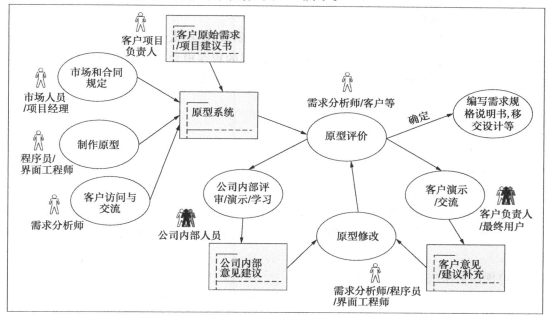

图 7.5 原型法

（1）原型法的开发过程

①可行性研究阶段，对系统开发的意义、费用、时间做出初步的计算，确定系统开发的必要性和可行性。

②确定系统的基本要求阶段，向用户了解用户对信息系统的基本需求，即系统应具有的基本功能，人机界面的基本形式等。

③建造系统初始原型阶段，在对系统有了基本了解的基础上，系统开发人员应争取尽快地完成一个具有这些基本功能的系统。

④用户和开发人员评审阶段，用户和开发人员一起对刚完成的或经过若干次修改后的系统进行评审，提出改进意见。

⑤修改系统原型阶段，开发人员要根据用户的意见对原始系统功能进行修改、扩充和完善。

⑥开发人员在对原始系统进行修改后，又与用户一起就完成的系统进行评审，如果不满足要求，则要进行下一轮循环，如此反复地进行修改、评审，直到用户满意为止。

⑦完成功能阶段，如果经用户评审，系统符合要求，则可根据原始系统的开发目的，或者作为最终的信息系统投入正常运行，或者是把该系统作为初步设计的基础。

（2）原型法的优点

原型法对系统需求的认识取得了突破，确保用户的要求能够得到较好的满足；改进了用户和系统开发人员的交流方式；使开发的系统更加贴合实际需求，提高了用户的满意程度；降低了系统开发风险；一定程度上减少了开发费用。

原型方法是一种简单的模拟方法，它"抛弃"了结构化系统开发方法的某些烦琐细节，继承了其合理的内核，是对结构化方法的发展和补充。

（3）原型法的缺点

开发工具要求高；解决复杂系统和大型系统很困难，即不太适合大型的系统；对用户的管理水平要求较高；对存在大量运算的、逻辑性较强的程序模块，原型方法很难构造出模型来供人评价；对管理不规范的情况，使用原型法有一定的困难。

3）面向对象法

面向对象（Object-Oriented，OO）的系统开发方法是近年来兴起的一种方法，OO 方法与原型方法有某种相同之处，同是属于自底向上思想体系的开发方法，如图 7.6 所示。

传统的结构化系统开发方法在分析问题时，往往只注重问题的某一方面。功能分解方法通常被刻画为从"做什么"到"怎样做"，而 OO 法则是从"用什么做"到"要做什么"，前者强调从系统外部功能角度出发模拟现实世界，后者则强调从系统内部结构角度出发模拟现实世界。

（1）面向对象法的基本思想

面向对象法对问题领域进行自然分割，以更接近人类通常思维的方式建立问题领域的模型，从而便于对客观的信息实体进行结构模拟和行为模拟，从而使设计出的系统尽可能直

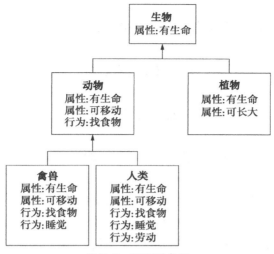

图 7.6　面向对象法

接地表现问题求解的过程。把系统设计成由一些不可变的部分组成的最小集合,这些相对固定的部分不会被周围环境的变化以及用户需求的变化所左右。

（2）面向对象法的开发过程

①系统调查和需求分析:对系统将要面临的具体管理问题以及用户对系统开发的需求进行调查研究,即先弄清"要干什么"的问题。

②分析问题的性质和求解问题:在繁杂的问题域中抽象地识别出对象以及其行为、结构、属性、方法等。一般称为面向对象的分析,即 OOA。

③整理问题:对分析的结果作进一步的抽象、归类、整理,并最终以范式的形式将它们确定下来。一般称为面向对象的设计,即 OOD。

④程序实现:用面向对象的程序设计语言将上一步整理得到的范式直接映射（即直接用程序设计语言来取代）为应用软件。一般称为面向对象的程序,即 OOP。

面向对象的开发方法是一种流行的开发方法,适用面很广。

4）计算机辅助开发方法

计算机辅助软件工程（CASE）也是近几年才发展起来的一门技术,能够全面支持除了系统调查外的任意一个开发步骤,使得原本由手工完成的开发过程转变为由自动化工具和支撑环境支持的自动化开发过程。其目标在于使整个软件开发生命周期的各阶段实现自动化。CASE 技术是系统开发工具与方法的结合,它的目标是实现一种较完善的技术,为系统开发人员提供一组优化的、集成的且能节省大量人力的系统开发工具,它着眼于系统分析与设计以及程序实现与维护等各环节的自动化,并使之成为一个整体。

（1）CASE 方法的基本思路

如果在完成系统调查后,系统开发过程中的每一步都能在一定程度上形成对应关系,那么就完全可以借助于专门的软件开发工具来实现上述系统开发过程。

（2）CASE 方法的特点

①解决了从客观世界对象到软件系统的直接映射问题,强有力地支持软件/信息系统开发的全过程。

②支持自顶向下的结构化开发方法,又支持自底向上的面向对象和原型化开发方法,使结构化方法更加实用。

③简化了软件的管理和维护,使开发者从繁杂的分析设计图表和程序编写工作中解放出来,加速了系统的开发过程。

④自动生成文档和程序代码,使系统产生了统一的标准化文档。

⑤着重于系统的分析与设计,具有设计的可重用性等。

⑥只要在分析和设计阶段严格按照 CASE 方法规定的处理过程进行,则能够将分析、设计的过程让计算机软件程序自动完成,高度自动化。

⑦使用交互式图形技术支持结构化系统分析与设计,用户更容易理解。

7.1.3　思考与创新训练

某企业是一家内部分工简单,业务流程短促的中小型贸易企业。长期以来专营副食品,如各种名牌巧克力和奶糖等。随着企业的不断发展,该企业不仅经营国内品牌产品,还为国际上知名品牌的产品销售做代理。该企业经过 3 ~ 5 年的奋斗,在副食品专营方面已呈现较大规模,业务的范围已突破原有的地域范围,形成以总部所在地为中心的省际辐射,业务量和顾客数都扩大到以前的数倍。随着业务的开展和市场竞争的加剧,该企业的高层领导意识到企业内部管理存在一些问题,因缺乏信息技术的普及应用,旧的作业和管理模式已不再适应企业迅速发展的需要。

1）业务现状调查

①目前企业在用计算机数量不大,大多数工作人员对计算机的操作知识知之甚少,基本工作大多由人工完成,导致工作烦琐、重复性大、易出错、效率低。

②计算机在企业的主要功能停留在核算统计方面,未应用到各管理部门,未实现数据的共享。

③企业凭借单据实现部门间的作业顺序、业务关系,单据一般由顾客传递,使得顾客要在各个部门间奔波,客户满意度较差。

④企业现在的财务部与结算科的职能边界不清晰,容易造成权责不明确,在销售分析和核算上容易出现差错。

⑤数据处理都由手工操作,资金方面没有合理计划,拖欠款未得到及时有效的控制,影响了资金周转。

⑥整个业务流程都采用了手工方式,一些供需的信息不能及时传给高层管理者,造成信息滞后,不利于决策者进行准确的市场判断决策,无法适应市场的瞬息万变。

⑦企业计算机内收集、存储了不少销售、仓储等信息，但都是以 Word 文档形式存储，其功能仅停留在查询、统计、打印报表等一般功能。

2）业务流程调查

①顾客为购买产品先到票务部填写购货单（包括商品名称、种类、数量等）。

②开票人员根据购货单，首先查阅库存账，如有货，开出发票；如库存不足，发出补货通知给仓库。

③开票人员还要根据仓库的退货通知，开出红字发票。顾客持发票到结算部付款，并办理结算手续。

④付款后，结算人员盖上印章，表明已办理结算手续。

⑤仓库根据顾客的订货单和结算完的发票进行出库处理，并根据库存情况决定是否订货。根据出货情况和采购情况更新库存账。

⑥结算人员将每天的结算单据及现金交给财务部。

⑦财务部根据单据、票据进行财务分析后提交经理审核存档，并制订下季销售书。

3）企业所具备的管理信息系统开发的有利因素

①企业内部有少数精通计算机硬件的高端人才。

②已经购置几十台计算机以及系统安装的硬件资源。

③企业领导和大多数员工对开发管理信息系统也比较配合支持。

4）请分析该案例并按要求作答以下问题

①该企业主要存在的问题是什么？

②绘制该企业的业务流程图。

③绘制该企业的数据流程图。

④请为该企业设计一个数据库系统，用流程图表示。

⑤应用管理信息系统及信息系统开发方法等知识为该企业设计一个合理的管理模块，用流程图表示。

任务 2　常见信息系统的认知

✦引导案例

创建于 1968 年的美的集团，是一家以家电业为主，涉足房产、物流等领域的大型综合性现代化企业集团,是中国最具规模的家电生产基地和出口基地之一。营销网络遍布全国各地,并在美国、德国、日本、韩国、加拿大、俄罗斯等地设有 10 个分支机构。美的集团拥有中国最大、最完整的小家电产品和厨房用具产业集群。然而在发展过程中,很多问题也困扰着美的的发展,从仓储物流的角度来看,美的遇到的问题之一是信息系统落后不完善,信息化程度度低。导致:

①无法满足精确化货位管理新的管理要求,即产品放在那个货位上,及这个货位上的收发货顺序问题。

②不能准确知道货物的库龄情况,有货物积压很久的情况;无法保证库存的准确性及发货的准时性,客户抱怨较大。

③仓库的收发货作业方式落后,信息处理速度慢,信息价值得不到充分体现。

④仓储技术发展不平衡,信息化状况不容乐观,企业对物流信息化认识和了解不足,物流信息化建设起步晚、推进慢,整体物流信息化水平较低,其信息化建设也很少从供应链的整体目标出发进行规划。

这些都威胁着公司的发展,如有损公司信誉、失去客户、增加公司的运作成本、仓储成本、运输成本、人工成本、利润降低。

为了应对以上问题,公司主要采取以下措施:

①保证仓库的整体运作水平,有效地满足生产和销售的需求。

②引入 WMS 及条码系统软件,解决物料回厂情况、所处物流状态以及迅速配套。

③加快公共信息平台的建设,实现仓储管理信息化。

④根据市场供求关系确定仓储硬件设施建设与改造,做好仓储机械化、自动化、智能化的改造,提高仓储资源的利用率和仓储管理的效率。

想一想:案例中美的集团在仓储物流系统中还会遇到怎样的问题,可以采取怎样的措施来解决。

任务目标

通过本任务的学习应掌握以下内容:

- 自动化仓储系统的概念;
- 自动化仓储系统的功能及流程;
- 物流支持决策系统的概念;
- 物流支持决策系统的开发方法。

7.2.1　自动化仓储系统

1)自动化仓储系统概述

自动化仓储系统是由高层立体货架、堆垛机、各种类型的叉车、出入库系统、无人搬运车、控制系统及周边设备组成的自动化系统。利用自动化仓储系统可持续地检查过期或找库存的产品,防止不良库存,提高治理水平。自动化仓储系统能充分利用存储空间,通过计算机可实现设备的联机控制,以先入先出的原则,迅速准确地处理物品,合理地进行库存治理及数据处理,可提高仓储管理效率、信息处理速度、准确率,降低人工劳动强度。

传统仓储管理系统通常使用的是条码标签或是人工仓储管理单据等方式支持的仓储管理,这些管理方式有明显的缺点,如:

①条码管理,易复制、不防污、不防潮而且只能近距离,可视范围读取。

②人工录入,工作烦琐,数据量大易出错,增加仓储环节人工成本。

③手工盘点工作量大,导致盘点周期长,货物缺失或者偷盗不能及时发现。

④进出仓库盘点计数烦琐,容易出错,纸质单据容易丢失、损坏,不易保存。

⑤货物清单不详尽容易增加原材料成本以及旧货物处理损失等。

2) 自动化仓储系统的功能及流程

自动化仓储管理信息系统的目标在于建立一套基于 RFID 技术的快速通道,实现库房存储统计,收发货物高速自动记录。系统以 RFID 中间件为平台,配制入库、盘点、出库等多个流程,即可作为成套流程试用,又可独立连接使用。RFID 是一种利用射频通信实现的非接触式自动识别技术。RFID 标签具有体积小、容量大、寿命长、可重复使用等特点,可支持快速读写、多目标识读、非可视识别、移动识别、定位及长期跟踪管理。它通过射频信号自动识别目标对象并获取相关数据,识别工作无须人工干预,可工作于各种恶劣环境。RFID 技术可识别高速运动物体并可同时识别多个标签,操作快捷方便,如图 7.7 所示。

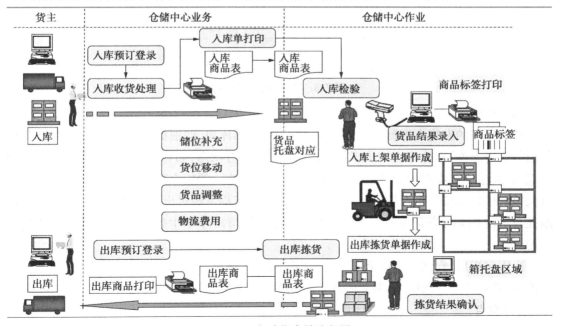

图 7.7　自动化仓储流程图

（1）入库

在成品包装车间，工人先将 RFID 电子标签贴在产品上，成批装箱后贴上箱标，需打托盘的也可在打完托盘后贴上托盘标；一般贴标有以下几种方式。

①产品单件贴标。

②多件产品包装在一起，外包装贴标。

③托盘贴标，并与单件产品标签或外包装标签数据关联。

将包装好的货物产品由装卸工具经由 RFID 阅读器与天线组成的通道进行入库（可根据库房的大小设定通道的宽度），RFID 设备将会自动获取入库数量传送信息至系统保存，如果用带有标签的托盘直接运送，每托盘货物信息通过进货口读写器写入托盘标，同时形成订单数据关联，然后通过计算机仓储管理信息系统运算出库位（或人工在一开始对该批入库指定库位），如图 7.8 所示。

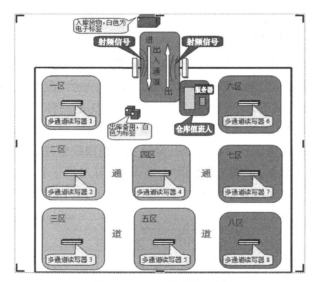

图 7.8 RFID 技术的应用

（2）出库

物流部门的发货人根据销售要求的发货单生成出库单，即根据出库优先级（如生产日期靠前的优先出库）向仓库查询出库货物存储舱位及库存状态，如有客户指定批号则按指定批号查询，并生成出库货物提货舱位及相应托盘所属货物。领货人带出库单至仓库管理员，仓管员核对信息安排叉车司机执行对应产品出库。叉车提货经过出口闸，出口 RFID 阅读器读取托盘上的托盘标获取出库信息，并核实出货产品与出库单中列出产品批号与库位是否正确。

出库完毕后，仓储终端提示出库详细供管理员确认，并自动更新资料到数据库。当商品出库时，系统库存自动减少，因此库存只能通过重新入库或者出库更改，否则无法改变。

（3）盘点

盘点时不需要人工的检查质询，仓管人员使用智能点车或者手持终端，在每个货架或者是托盘边推过,盘点车/手持终端能够读取出货架或者托盘上的货物的数量种类,并进行累加,当库存数量不满足一定数量时,系统可报警提示。盘点完成后生成盘点报表,并提供系统内的数据信息与仓库实际存货的数量对比,以供仓管人员参考,同时可根据需要修正系统内的数据信息,保证货、账一致,也可连接打印机直接打印成报表形式,如图7.9所示。

图 7.9　自动化仓储的盘点作业

仓库管理员也可以通过手持式读写器随时查找所需要的商品,查询具体某一商品的具体信息,如保质期、入库日期、箱(包或件)内数量等。

如将供应计划系统制订的收货计划、取货计划等与射频识别技术相结合,能够高效地完成指定堆放区域、上架取货和补货等各种业务操作;增强了作业的准确性和快捷性,提高了服务质量,降低了成本,节省了劳动力和库存空间,同时减少了整个物流中由于商品误置、偷窃、损害和库存、出货错误等造成的损耗;盘点时不需要人工的检查,更加快速准确,并且减少了损耗,降低了人力成本;并可提供有关库存情况的准确信息,管理人员可由此快速识别并纠正低效率运作情况,从而实现快速供货,并最大限度地减少储存成本。

(4)标签回收

当仓库管理员确认发货准确无误时,将贴(或挂)在商品上的 RFID 电子标签收回,以便仓库管理重复使用。

(5)系统绩效分析

使用自动化仓储系统可以实现:

①人工劳动量降低 20% ~30%;

②99% 的仓库产品可视化,降低商品缺失的风险;

③改良的供应链管理将降低 20% ~25% 的工作服务时间;

④提高仓储信息的准确性与可靠性;

⑤高效、准确的数据采集,提供作业效率;

⑥入库、出库数据自动采集,降低人为失误;

⑦降低企业仓储物流成本。

7.2.2 物流决策支持系统

1）物流决策支持系统概述

物流是国民经济发展的重要产业,在其基础设施建设与运营过程中,往往会遇到一系列重大问题需要决策,决策是物流管理人员不可缺少的工作。如 2015 年重庆市货运量达到 10.4 亿吨,集装箱吞吐量突破 100 万标箱,航空货邮吞吐量达到 32.1 万吨,亿元以上物流企业达到 60 家,物流从业人员需求近百万。物流创新步伐加快,物流领域供应链管理、全程物流、互联网+物流、快递速运、共同配送、冷链物流等新模式不断涌现。现代物流业的核心问题是通过物流信息对物流系统各种资源进行有效的整合,以提高物流系统的整体功能与效益。因此,对物流决策支持系统的研究与开发,是当前加快我国传统物流向现代物流拓展进程的一个重要方向。

2）物流系统决策方法

在物流系统中遇到需要作出决策时通常采用确定型决策法、风险型决策法和非确定型决策法等。

（1）确定型决策法

在确定型决策中,决策者对未来情况已有完整的资料,没有不确定的因素。可采用线性规划法、盈亏平衡分析法。

（2）风险型决策法

风险型决策也称统计型决策、随机型决策,能够确定各种情况可能发生的概率,包括最大可能收益值、期望值准则,可采用决策树和决策表来实现。其中决策树（Decision Tree）法如图 7.10 所示。

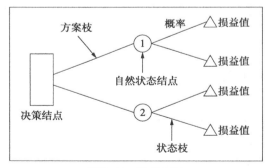

图 7.10 决策树法

为帮助理解和掌握决策树法,以下例进行讲解。

例:某工厂由于生产工艺落后,产品成本偏高。在产品销售价格高时才能盈利,在产品价格中等时持平,企业无利可图。在产品价格低时,企业要亏损。现在工厂的高级管理人员准备将这项工艺加以改造,用新的生产工艺来代替。

新工艺的取得有两条途径,一是自行研制,成功的概率是 0.6;另一个是购买专利技术,预计谈判成功的概率是 0.8。但是不论研制还是谈判成功,企业的生产规模都有两种方案,一种是产量不变,另一种是增加产量。如果研制或者谈判均告失败,则按照原工艺进行生产,并保持产量不变。按照市场调查和预测的结果,预计今后几年内这种产品价格上涨的概率是 0.4,价格中等的概率是 0.5,价格下跌的概率是 0.1。通过计算得到各种价格下的收益值,如表 7.1 所示。要求通过决策分析,确定企业选择何种决策方案最为有利。

表 7.1　风险型决策法数据

	原工艺生产	买专利成功 0.8		自行研制成功 0.6	
		产量不变	增加产量	产量不变	增加产量
价格下跌 0.1	−100	−200	−300	−200	−300
价格中等 0.5	0	50	50	0	−250
价格上涨 0.4	100	150	250	200	600

解:①分析该案例结合表格绘制决策树,如图 7.11 所示。

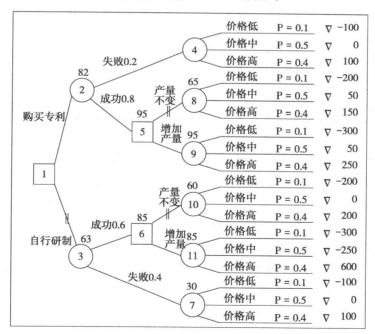

图 7.11　决策树

②计算各节点的收益期望值

节点 4:0.1×(−100)+0.5×0+0.4×100=30

节点 8:0.1×(−200)+0.5×50+0.4×150=65

节点 9：0.1×（−300）+0.5×50+0.4×250＝95

因为 65<95，所以节点 5 的产量不变选择不再考虑，节点 9 可以上移到节点 5。

同理，节点 11 移到节点 6。

③确定决策方案。由于节点 2 的期望值比节点 3 大，因此最优决策应是购买专利。

（3）非确定型决策方法

非确定型决策的方案选择准则，典型的有以下 4 种。

①乐观准则。它也称"大中取大"法或"好中求好"法。

持这种准则的决策者是一个乐观者，认为未来总会出现最好的自然状态，因此他对方案的比较和选择就会倾向于选取那个在最好状态下能带来最大效果的方案。

如表 7.2 所示，乐观者在决策时是根据每个方案在未来可能取得的最大收益值，也就是方案在最有利的自然状态下的收益值来进行比较，从中选出能带来最大收益的第 4 方案作为决策实施方案。

表 7.2　非确定型决策法相关数据

B 企业的可能反应 / A 企业的策略	B1	B2	B3	乐观准则（X）	悲观准则（Y）	折中准则（αX+βY）
A1	13	14	11	14	11	
A2	9	15	18	18	9	
A3	24	21	15	24	15	
A4	18	14	28	28	14	
相对收益最大值及选取的方案				28 第 4 方案	15 第 3 方案	

②悲观准则。它也称"小中取大"法，或称"坏中求好"法。

与乐观准则正好相反，悲观的决策者认为未来会出现最差的自然状态，因而为避免风险起见，决策时只以各方案的最小收益值进行比较，从中选取相对收益为大的方案。

以表 7.2 的例子来说，悲观者在决策时首先会试图找出各方案在各种自然状态下的最小收益值，即与最差自然状态相应的收益值，然后进行比较，选择在最差自然状态下仍能带来"最大收益"（或最小损失）的方案作为拟付诸实施的决策方案。因此，本例中按悲观准则所选取的方案是第 3 方案。

③折中准则。持折中观的决策者认为要在乐观与悲观两种极端中求得平衡，即决策时既不能把未来想象得非常光明，也不能将之看得过于黑暗。最好和最差的自然状态均有出现的可能。

可以根据决策者个人的估计，给最好的自然状态定一个乐观系数（α），给最差的自然状态定一个悲观系数（β），并两者之和等于 1（即 α+β=1）；然后，将各方案在最好自然状态下的收益值和乐观系数相乘所得的积，与各方案在最差自然状态下的收益值和悲观系数的乘积相加,由此求得各方案的期望收益值,经过该值的比较后,从中选出期望收益值最大的方案。

　　④最大后悔值最小化准则。最大后悔值最小化准则是考虑到决策者在选定某一方案并组织实施后,如果在未来实际遇到的自然状态并不与决策时的判断相吻合,这就意味着当初如果选取其他的方案反而会使企业得到更好的收益,这无形中表明这次决策存在一种机会损失,它构成了决策的"遗憾值",或称"后悔值"。

　　"后悔"的意思是:你选择了一种方案,实际上就放弃了其他方案可能增加的收益。因此,决策者将为此而感到后悔,如表 7.3 所示。

表 7.3　非确定型决策法相关数据

A 企业的策略 ＼ B 企业的可能反应	B1	B2	B3	后悔值			最大后悔值
				24−B1	21−B2	28−B3	
A1	13	14	11	11	7	17	17
A2	9	15	18	15	6	10	15
A3	24	21	15	0	0	13	13
A4	18	14	28	6	7	0	7
相对收益最大值	24	21	28				
最大后悔值中的最小值及选取的决策方案							7 第4方案

7.2.3　思考与创新训练

1)思考

　　某厂为适应市场的需要,准备扩大生产能力,有两种方案可供选择:第一方案是建大厂;第二方案是先建小厂,后考虑扩建。

　　如建大厂,需投资 700 万元,在市场销路好时,每年收益 210 万元,销路差时,每年亏损 40 万元。

　　在第二方案中,先建小厂,如销路好,3 年后需决策扩建与否。建小厂的投资为 300 万元,在市场销路好时,每年收益 90 万元,销路差时,每年收益 60 万元,如果 3 年后扩建,扩建投资为 400 万元,收益情况与第一方案一致。

　　未来市场销路好的概率为 0.7,销路差的概率为 0.3;如果前 3 年销路好,则后 7 年销路好的概率为 0.9,销路差的概率为 0.1。如果前三年销路差,则后七年销路不会好转。

　　无论选用何种方案,使用期均为 10 年,试做决策分析。

注意：这是一个多阶段的决策问题，考虑采用期望收益最大为标准选择最优方案。

2）创新训练

选题：以"某智能仓储物流信息系统"为主题，题目自拟。调研其货物存储种类数量、年吞吐量、采用的信息系统详情等。

文稿包含以下关键点：

①采用图片匹配文字、表格或流程图形式展现该智能仓储物流系统的作业或管理情况。

②结合案例分析其物流决策支持系统的方法。

③格式要求：采用 PPT 的形式展示。

④考核方式：每人自选一题，采取课内发言，时间要求 3～5 min。

单元8　人类增强时代关键技术

人工智能（AI）、机器人、增强现实和虚拟现实（AR 和 VR）等新的"人类增强时代"的出现和应用逐步成熟，标志着人们正在进入"人类增强时代"，日常生活和商业生活的许多方面将会被改变。通过本单元的学习，可以加深对人工智能、增强现实、虚拟现实等新技术的概念、发展、应用前景和发展趋势的了解。

任务1　人工智能

引导案例

2018 首届中国国际智能产业博览会（简称智博会）8 月 23 日在重庆市开幕。首届智博会以"智能化：为经济赋能，为生活添彩"为主题，定位于"国际化品牌、国家级标准、专业性盛会"，通过"会""展""赛"及"系列活动"，为全球智能产业相关行业组织、企业和专家学者搭建集产业盛会、前沿展示、赛事路演、交流研讨、智能体验于一体的交流合作平台。

国家主席习近平向会议致贺信。习近平指出，我们正处在新一轮科技革命和产业变革蓄势待发的时期，以互联网、大数据、人工智能为代表的新一代信息技术日新月异。促进数字经济和实体经济融合发展，加快新旧发展动能接续转换，打造新产业新业态，是各国面临的共同任务。

习近平强调，中国高度重视创新驱动发展，坚定贯彻新发展理念，加快推进数字产业化、产业数字化，努力推动高质量发展、创造高品质生活。本次会议以"智能化：为经济赋能，为生活添彩"为主题，体现了世界经济发展的趋势，体现了各国人民对美好生活的期盼。希望与会代表深化交流合作，智汇八方、博采众长，共同推动数字经济发展，为构建人类命运共同体贡献智慧和力量。

想一想：什么是物联网、大数据、云计算、人工智能？

任务目标

通过本任务的学习应掌握以下内容：
- 人工智能的概念、发展；
- 人工智能的关键技术；
- 人工智能的典型应用。

8.1.1 认识人工智能

AI（Artificial Intelligence）是集研究、开发用于模拟、延伸和扩展人的智能的理论、方法、技术及应用系统于一体的一门新的技术科学。人工智能不是人的智能，但是随着深度学习，它能像人那样思考，甚至极有可能超过人的智能。狭义人工智能定义指基于人工智能算法和技术进行研发及拓展应用的产业。广义人工智能定义指包括计算、数据资源、人工智能算法和计算研究、应用构建在内的产业。

1）人工智能的分类

根据人工智能的应用，人工智能可以分为专有人工智能、通用人工智能、超级人工智能。根据人工智能的内涵，人工智能可以分为类人行为（模拟行为结果）、类人思维（模拟大脑运作）、泛智能（不再局限于模拟人）。

2）人工智能的要素

人工智能的算法是核心，计算、数据是基础。

算法的地位：实现人工智能的核心方法是算法，工程学方法和模拟法是人工智能提升的两个途径。算法的发展现状：目前认知层算法尚未突破。

3）人工智能的承载方式

人工智能的技术承载方式：单机智能、平行运算/多核智能、高度分散/群体智能。人工智能的表现方式：云智能、端智能、云端融合。

4）人工智能与人的关系

现阶段，人工智能正在从专有人工智能向通用人工智能发展过渡，由互联网技术群（数据/算法/计算）和应用场景互为推动，协同发展，自我演进。人工智能已不再局限于模拟人的行为结果，而拓展到"泛智能"应用，即更好地解决问题、有创意地解决问题和解决更复杂的问题。这些问题既包含人在信息爆炸时代面临的信息接收和处理困难，也包含企业面临的运营成本逐步增加、消费者诉求和行为模式转变、商业模式被颠覆等问题,同时还包含社会亟须解决的对自然/环境的治理、对社会资源优化和维护社会稳定等挑战。

在这个过程中,虽然"模拟人"不再是唯一方向,但是人依然是人工智能实现不可缺少的关键因素。人是主导者(设计解决问题的方法)、参与者(数据的提供者、反馈数据的产生者,也是数据的使用者),同时也是受益者(智能服务的接受方)。

5)人工智能的发展历程

自 1956 年达特茅斯会议诞生"人工智能"一词以来,距今已有 60 年。在这期间,虽然人工智能涉及的不同学科、不同技术发展起起伏伏,但人工智能整体上一直处于不断增长的趋势,并不存在高潮低谷之说。比如 1957 年第一款神经网络 Perceptron 曾经推动了人工智能领域的发展,虽然后来被证明行不通,但随后兴起的专家系统继续发挥推动的作用。

可以说,整个人工智能的发展过程都是在这样的模式之中,不同技术在不同时期扮演着推动人工智能发展的角色。在此,我们基于人工智能行业的企业、投资融资以及研究成果等维度提供一个全新看待人工智能的视角。

6)人工智能的发展路径

人工智能的发展路径,要基于计算机、互联网、物联网在数据生成、采集、存储、计算等环节的突破来推进。人工智能分为计算智能、感知智能、认知智能 3 个阶段。

人工智能具备"快速处理"和"自主学习"两种能力。

人工智能实现了学习、决策和行动的快速处理。计算机处理信息、沟通信息、并行计算和线性计算的速度都快于人类。此外,计算机还能够不停迭代和优化"试验—验证—学习"的正循环。如在上文提到的阿里云 ET 人工智能调度交通的应用中,城市的交通是非常复杂的,每个路口和路段都有错综复杂、千丝万缕的关系。机器需要对成千上万个路段的海量历史数据进行处理和学习,以获得路段的全天路况模型,再结合城市的每个路口传回来的智能视频信息(包括车辆识别、车速识别等信息)做全局的、实时的分析,这个过程对数据处理能力在规模、复杂度、实时性上都提出了更大的挑战。

人工智能可以更灵活地自主学习和管理知识,支持知识的"产生—存储—应用—更新"的体系化管理。如在淘宝和天猫,每天有近 5 万次热线电话求助。这些海量的语音数据通过人工智能机器的自我学习,使机器具备能"听"能"懂"的知识,这些知识可以运用到语音交互相关的各个行业和各个场景,如智能客服语音交互、电话呼叫中心质检和互联网汽车语音命令等。在一些特定场景的应用下,如法院庭审速记,会产生的一些新的数据,以及适应此场景的新知识,这些知识又同时被用来更新语音识别知识库,并被其他应用快速使用,这也是阿里 ET 可以打败世界速记亚军的知识来源。

如何让人工智能做好知识管理,是这个体系化工程的重要部分。"双十一"是由淘宝天猫发起的全球消费者的购物狂欢节,在 2015 年,更是创下了一秒 14 万笔订单的世界纪录。庞大订单量也带来了用户咨询服务和问题的高峰,阿里巴巴的算法工程师们通过对海量问题的分析和预测,在业内首次将知识库的自动更新时效提升至分钟级,使得智能客服在此场景下获得高达94%的智能解决率。

8.1.2 人工智能典型应用

人工智能已在多个方面成功应用。图像识别(包括交通信号灯和人脸)技术已经超越人类水平。微软计算机视觉软件的图片识别错误率已经低于人类。计算机不仅能识别简单图像,还能分析整个电磁波谱。语言识别和自然语言处理技术已经在日常生活中广泛应用,如苹果手机内置的语音识别助手 Siri、亚马逊智能音箱 Echo、阿里 YunOS 个人助理+、淘宝小蜜、支付宝安娜等。通过传感器和制动器,人工智能可以感知并行动。机器视觉和各类传感器,结合高精度地图和环境感知信息,机器人、无人机、自动驾驶等智能设备已经投入使用,Google、Uber、Tesla、阿里巴巴与上海汽车合作等都已在无人驾驶和互联网汽车领域布局。下面介绍 2018 年度工业机器人典型案例。

1)上海通用金桥工厂:386 台机器人

图 8.1 中展示的是上海通用金桥工厂。这里号称中国最先进的制造业工厂、中国智造的典范。即使从全球来看,这种水平的工厂也不超过 5 家。偌大的车间内,真正领工资的工人只有 10 多位。他们管理着 386 台机器人,每天与机器人合作生产 80 台凯迪拉克。在每一台机器人的"手"中,繁重的焊接工作如同舞蹈,充满了力量和机械的美感。

图 8.1 上海通用金桥机器人组装汽车

2)京东"亚洲一号"无人仓

早在 2018 年 6 月底,京东已经有 27 个不同层级的无人仓投用,使京东的日订单处理能力同比增幅达 1 415%。"双十一"期间,京东共有 50 个不同层级的无人仓投入使用,分布在北京、上海、武汉、深圳、广州等地,而上海"亚洲一号"已经成为京东物流在华东区业务发展的中流砥柱。无论是订单处理能力,还是自动化设备的综合匹配能力,"亚洲一号"无人仓(如图 8.2)都处于行业领先水平。

图 8.2 京东"亚洲一号"无人仓

3）富士康的自动化生产线

郭台铭曾在 2011 年公开表示，富士康要在 2014 年装配 100 万台机械臂，在 5 到 10 年内完成首批自动化的工厂，这也就是所谓的"百万机器人计划"。这些年来，富士康一直在缓慢且稳步地实现生产自动化，并计划 2020 年让中国工厂自动化率达到 30%。图 8.3 是富士康自动化生产线上机械臂在完成焊接工作。

图 8.3 富士康自动化生产线上机械臂在完成焊接工作

8.1.3 思考与创新训练

创新训练

选题：调研人工智能在生活中的应用案例，完成调研报告。

调研报告需包含以下关键点：

①人工智能应用案例展示，采用图片匹配文字形式展现。

②分析案例中用到的人工智能技术，并对技术做出相应的科普解释。

格式要求：采用 PPT 的形式展示。

考核方式：每人自选一主题，采取课内发言，时间要求 3 ~ 5 min。

任务 2 增强现实技术

⬥ 引导案例

国内首家增强现实(AR)技术应用到全博物馆领域

每次到博物馆,你都是如何参观的呢? 仅仅是自己走走看看,还是跟着讲解员和志愿者听讲解,或者用语音导览和微信导览安静地观赏呢? 最近,很多博物馆为观众提供了一种全新的参观方式:增强现实"扫动",已经有不少观众尝了鲜,并给出好评。

"扫动"是一款 APP,是国内首款基于 AR 技术的全博物馆领域的智慧应用。有了"扫动",当观众第一次走进各种博物馆时,可以直接点开地图功能,从而进行参观。如果时间紧凑,还可以根据 TOP 文物推荐,直接去看最值得看的东西。博物馆基本陈列中几乎全部展品介绍都已经内置于 APP 中。参观时,观众可以一边看文字,一边听语音。同时还能选择要不要听方言版导览。APP 不但内置语音和文字,还提供了许多视频,满足观众全方位的好奇心和求知欲。展柜内静态的文物看着不过瘾,观众还可以通过 3D 技术把玩文物,换一个全新的视角来观赏。除了文物的 3D 影像,更酷炫的是,时下大热的 AR 技术观众也可以体验一把。

> **想一想**:什么是 AR 技术? 生活中哪些领域已接触到 AR 技术?

⬥ 任务目标

通过本任务的学习应掌握以下内容:

- 增强现实技术的概念、发展;
- 增强现实技术的关键技术;
- 增强现实技术的典型应用。

8.2.1 认识增强现实技术

增强现实(Augmented Reality,AR),是一种实时地计算摄影机影像的位置及角度并加上相应图像的技术,这种技术的目标是在屏幕上把虚拟世界套在现实世界并进行互动。这种技术最早于 1990 年提出。随着随身电子产品运算能力的提升,增强现实的用途越来越广。增强现实是虚拟现实技术的一个重要分支。与虚拟现实不同,增强现实技术利用三维跟踪注册技术来计算虚拟物体在真实环境中的位置,通过将计算机中的虚拟物体或信息带到真实世界中实现对现实世界的增强。

　　AR系统具有3个突出的特点:真实世界和虚拟世界的信息集成;具有实时交互性;在三维尺度空间中增添定位虚拟物体。

1)增强现实的关键技术

（1）跟踪注册技术

　　对增强现实系统来说,一个重要的任务就是实时、准确地获取当前摄像机位置和姿态,判断虚拟物体在真实世界中的位置,进而实现虚拟物体与真实世界的融合。其中摄像机位姿的获取方法即为跟踪注册技术。从具体实现上来说,跟踪注册技术可以分为基于传感器的跟踪注册技术、基于计算机视觉的跟踪注册技术及综合视觉与传感器的跟踪注册技术。

　　①基于传感器的跟踪注册技术。基于传感器的跟踪注册技术主要通过硬件传感器,如磁场传感器、惯性传感器、超声波传感器、光学传感器、机械传感器等对摄像机进行跟踪定位。

　　②基于计算机视觉的跟踪注册技术。近年来图像处理与计算机视觉发展较快,一些较为成熟的技术已被应用于增强现实系统的跟踪注册中。基于计算机视觉的跟踪注册技术通过分析处理拍摄到的图像数据信息识别和定位真实场景环境,进而确定现实场景与虚拟信息之间的对应关系。该方法一般只需要摄像机拍摄到的图像信息,对硬件要求较低。

　　在实现方式上,基于计算机视觉的跟踪注册方法可分为基于人工标志的方法和基于自然特征的方法。

　　基于人工标志的方法一般将包含特定人工标志的物体放置在真实场景中,通过对摄像机采集到的图像中的已知模板进行识别获得摄像机位姿,之后经过坐标系的变换即可将虚拟物体叠加到真实场景中。

　　基于自然特征的方法通过提取图像中的特征点,并计算场景中同一个三维点在二维图像上的对应关系,优化获得三维点在世界坐标系中的位置以及摄像机的位姿。

　　③综合视觉与传感器的跟踪注册技术。在一些增强现实的应用场景中,基于计算机视觉与基于传感器的方法均不能获得理想的跟踪效果,因此,研究者综合考虑二者的优缺点,将二者结合起来,以获得更优的跟踪注册效果。

（2）显示技术

　　增强现实技术的最终目标是为用户呈现一个虚实融合的世界。因此,显示技术是增强现实系统中的重要组成部分。目前,常用的显示设备有头戴式显示设备、计算机屏幕显示设备、手持式移动显示设备及投影显示设备等。

　　①头戴式显示设备。由于增强现实系统要求用户可以观察到现实世界的实时影像,头戴式显示设备主要是透视式头盔显示器。这类设备的主要功能是将用户所在环境中的真实信息与计算机生成的虚拟信息融合,按真实环境的表现方式可将其分为视频透视式头盔显示器和光学透视式头盔显示器。

　　视频透视式头盔显示器通过头盔上一个或多个摄像机来获取真实世界的实时影像,利用其中的图像处理模块和虚拟渲染模块进行融合,最终将虚实融合后的效果在头盔显示器上显示出来。

光学透视式头戴显示器根据光的反射原理,通过多片光学镜片的组合,为用户产生虚拟物体和真实场景相互融合的画面。与视频透视式头盔显示器相比,光学透视式头盔显示器在显示增强画面时,不需要经过图像融合的过程,用户看到的影像就是当前的真实场景与虚拟信息的叠加。

②计算机屏幕显示设备。计算机屏幕显示设备作为传统的输出设备一般具有较高的分辨率,且体积较大。在增强现实应用中,这类设备更适用于将精细虚拟物体渲染并叠加于室内或大范围场景中。虽然这类设备沉浸感较弱,但是价格较低,一般适用于低端或多用户的增强现实系统。

③手持式移动显示设备。手持式移动显示设备是一类允许用户手持的显示设备。近年来智能移动终端发展迅速,现有的智能手持设备大都配备了摄像头、全球定位系统(GPS)和陀螺仪、加速度计等多种传感器,更具备了高分辨率的大显示屏,这为移动增强现实提供了良好的开发平台。与头盔式显示设备相比,手持式移动显示设备一般体积较小、质量较轻,便于携带,但沉浸感较弱,同时由于硬件的限制,不同设备的计算性能参差不齐。

④投影显示设备。投影显示设备可以将增强现实影像投影到大范围环境,满足用户对大屏幕显示的需求。由于投影显示设备生成图像的焦点不会随用户视角发生变化,其更适用于室内增强现实环境。

(3)人机交互技术

增强现实系统的目标是构建虚实融合的增强世界,使用户能够在现实世界中感受到近乎真实的虚拟物体,并提供人与这一增强的世界交互。在这一过程中,人机交互方式的好坏很大程度上会影响用户的体验。一般来说,传统的交互方式主要有键盘、鼠标、触控设备和麦克风等,近年来还出现了一些更自然的基于语音、触控、眼动、手势和体感的交互方式。

①基于传统的硬件设备的交互技术。鼠标、键盘、手柄等是增强现实系统中常见的交互工具,用户可以通过鼠标或键盘选中图像中的某个点或区域,完成对该点或区域处虚拟物体的缩放、拖曳等操作。这类方法简单易于操作,但需要外部输入设备的支持,不能为用户提供自然的交互体验,降低了增强现实系统的沉没感。

②基于语音识别的交互技术。语言是人类最直接的沟通交流方式。语言交互信息量大,效率高。因此,语音识别也成为增强现实系统中重要的人机交互方式之一。近年来,人工智能的发展及计算机处理能力的增强,使语音识别技术日趋成熟并被广泛应用于智能终端上,其中最具代表性的是苹果公司推出的 Siri 和微软公司推出的 Cortana,它们均支持自然语言输入,通过语音识别获取指令,根据用户需求返回最匹配的结果,实现自然的人机交互,很大程度上提升了用户的工作效率。

③基于触控的交互技术。基于触控的交互技术是一种以人手为主的输入方式,它较传统的键盘鼠标输入更为人性化。智能移动设备的普及使基于触控的交互技术发展迅速,同

时更容易被用户认可。近年来,基于触控的交互技术从单点触控发展到多点触控,实现了从单一手指点击到多点或多用户的交互的转变,用户可以使用双手进行单点触控,也可以通过识别不同的手势实现单击、双击等操作。

④基于动作识别的交互技术。基于动作识别的交互技术通过对动作捕获系统获得的关键部位的位置进行计算、处理,分析出用户的动作行为并将其转化为输入指令,实现用户与计算机之间的交互。微软公司的 Hololens 采用深度摄像头获取用户的手势信息,通过手部追踪技术操作交互界面上的虚拟物体。Meta 公司的 Meta 2 与 Magic Leap 公司的 Magic Leap One 同样允许用户使用手势进行交互。这类交互方式不但降低人机交互的成本,而且更符合人类的自然习惯,较传统的交互方式更为自然、直观,是目前人机交互领域关注的热点。

⑤基于眼动追踪的交互技术。基于眼动追踪的交互技术通过捕获人眼在注视不同方向时眼部周围的细微变化,分析确定人眼的注视点,并将其转化为电信号发送给计算机,实现人与计算机之间的互动,这一过程中无须手动输入。Magic Leap 公司的 Magic Leap One 在眼镜内部专门配备了用户追踪眼球动作的传感器,以实现通过跟踪眼睛控制计算机的目的。

8.2.2　增强现实技术应用

近年来,AR 技术不仅在与 VR 技术相类似的应用领域,诸如尖端武器、飞行器的研制与开发、数据模型的可视化、虚拟训练、娱乐与艺术等领域具有广泛的应用,而且由于其具有能够对真实环境进行增强显示输出的特性,在医疗研究与解剖训练、精密仪器制造和维修、军用飞机导航、工程设计和远程机器人控制等领域,具有比 VR 技术更加明显的优势,逐渐成为下一代人机交互技术发展的主要方向。

①医疗领域:医生可以利用增强现实技术,轻易地进行手术部位的精确定位。

②军事领域:部队可以利用增强现实技术,进行方位的识别,获得实时所在地点的地理数据等重要军事数据。

③古迹复原和数字化文化遗产保护:文化古迹的信息以增强现实的方式提供给参观者,用户不仅可以通过 HMD 看到古迹的文字解说,还能看到遗址上残缺部分的虚拟重构。

④工业维修领域:通过头盔式显示器将多种辅助信息显示给用户,包括虚拟仪表的面板、被维修设备的内部结构、被维修设备零件图等。

⑤网络视频通信领域:该系统使用增强现实和人脸跟踪技术,在通话的同时在通话者的面部实时叠加一些如帽子、眼镜等虚拟物体,在很大程度上提高了视频对话的趣味性。

⑥电视转播领域:通过增强现实技术可以在转播体育比赛的时候实时地将辅助信息叠加到画面中,使观众可以得到更多的信息。

⑦娱乐、游戏领域:增强现实游戏可以让位于全球不同地点的玩家,共同进入一个真实的自然场景,以虚拟替身的形式,进行网络对战。

⑧旅游、展览领域:人们在浏览、参观的同时,通过增强现实技术将接收到途经建筑的相关资料,观看展品的相关数据资料。

⑨市政建设规划:采用增强现实技术将规划效果叠加真实场景中以直接获得规划的效果。

作为新型的人机接口和仿真工具,AR 受到的关注日益广泛,并且已经发挥了重要作用,显示出巨大的潜力。AR 是充分发挥创造力的科学技术,为人类的智能扩展提供了强有力的手段,对生产方式和社会生活产生了巨大而深远的影响。

随着技术的不断发展,其内容也势必不断增加。而随着输入和输出设备价格的不断下降、视频显示质量的提高以及功能很强大但易于使用的软件的实用化,AR 技术的应用必将日益增长。AR 技术在人工智能、CAD、图形仿真、虚拟通信、遥感、娱乐、模拟训练等许多领域带来了革命性的变化。

总体来讲,增强现实在中国处于起步阶段,许多虚拟现实领域的企业已经开始专注于AR 技术的研发和应用。

8.2.3 思考与创新训练

➡ 创新训练

选题:调研 AR 技术在某一领域的应用案例,完成调研报告。

调研报告需包含以下关键点:

①AR 技术应用案例展示,采用图片匹配文字、视频等形式展现。

②对比分析案例中 AR 技术应用带来的创新性改变。

格式要求:采用 PPT、视频等形式展示。

任务 3 虚拟现实技术

➡ 引导案例

要是能(在虚拟世界里)身临其境,自己踩在松软的沙滩上,看着海水漫过脚尖,谁还会想无聊地坐在电视前看海呢? 在索尼公司开发的 PlayStation VR 虚拟现实头显发布会现场,索尼与一些视频游戏及传媒公司一起,提前展示了部分开发中的虚拟现实体验产品。随着PS VR 的推出,索尼将跻身 Facebook、HTC 和三星这些科技大牌,共同见证虚拟现实技术将如何改变人们的娱乐方式:不管是看电影、玩游戏,还是与其他用户社交。

虚拟世界中体验自由落体的感觉。

Social VR 是其中参展的一款游戏,玩家身处在青山环绕的虚拟沙滩上,可以和其他玩家一起踢球,也能参加舞会派对。没错,虚拟世界里也能跳舞了。这个卡通世界里还有更加刺激的体验。随后体验者被带到了空中,飞得很高,底下的树变得越来越小,体验者飞过山顶,甚至看到蓝色的海洋延伸至地平线外。当然,飞得再高,也总要落地,很快,体验者就开始了自由落体式的体验。这可是心跳加速的体验。现实中,体验者的双脚还稳稳地站在发布会现场,但看到自己垂直下落,地平线离他越来越近,他的心跳也变得越来越快。

体验者以前从没试过跳伞,总算在虚拟现实世界里体验过一次了。

想一想:什么是 VR 技术? 生活中哪些领域已接触到 VR 技术?

任务目标

通过本任务的学习应掌握以下内容:

- 虚拟现实技术的概念、发展;
- 虚拟现实技术的关键技术;
- 虚拟现实技术的典型应用。

8.3.1　认识虚拟现实技术

虚拟现实(Virtual Reality, VR)技术是通过先进的传感设备,由计算机产生一种集视觉、听觉、触觉等感觉于一体的沉浸交互式虚拟环境。而这个环境能够使用户感觉自己身处另外一个世界,并能在这个虚拟世界中与虚拟环境交互。整个社会对 VR 的研究和开发源于20 世纪 60 年代,VR 技术是仿真技术与计算机图形学人机接口技术、图像处理与模式识别、多媒体技术、传感技术、网络技术、人工智能等多种技术的集合,是一门富有挑战性的交叉技术前沿学科和研究领域。

1)虚拟现实技术的特征

①多感知性:指除一般计算机所具有的视觉感知外,还有听觉感知、触觉感知、运动感知,甚至还包括味觉、嗅觉和感知等。理想的虚拟现实应该具有一切人所具有的感知功能。

②存在感:指用户感到作为主角存在于模拟环境中的真实程度。理想的模拟环境应该达到使用户难辨真假的程度。

③交互性:指用户对模拟环境内物体的可操作程度和从环境得到反馈的自然程度。

④自主性:指虚拟环境中的物体依据现实世界物理运动定律动作的程度。

2)虚拟现实技术的关键技术

虚拟现实是多种技术的综合,包括实时三维计算机图形技术,广角(宽视野)立体显示技术,对观察者头、眼和手的跟踪技术,以及触觉/力觉反馈、立体声、网络传输、语音输入输出技术等。

（1）实时三维计算机图形技术

相较而言，利用计算机模型产生图形图像并不是太难的事情。如果有足够准确的模型，又有足够的时间，人们就可以生成不同光照条件下各种物体的精确图像，但是这里的关键是实时。如在飞行模拟系统中，图像的刷新相当重要，同时对图像质量的要求也很高，再加上非常复杂的虚拟环境，问题就变得相当困难。

（2）广角立体显示技术

人看周围的世界时，由于两只眼睛的位置不同，得到的图像略有不同，这些图像在脑子里融合起来，就形成了一个关于周围世界的整体景象，这个景象中包括距离远近的信息。当然，距离信息也可以通过其他方法获得，如眼睛焦距的远近、物体大小的比较等。

在 VR 系统中，双目立体视觉起了很大作用。用户的两只眼睛看到的不同图像是分别产生的，显示在不同的显示器上。有的系统采用单个显示器，但用户带上特殊的眼镜后，一只眼睛只能看到奇数帧图像，另一只眼睛只能看到偶数帧图像，奇、偶帧之间的不同也就是视差就产生了立体感。

（3）用户（头、眼）的跟踪

在人造环境中，每个物体相对于系统的坐标系都有一个位置与姿态，而用户也是如此。用户看到的景象是由用户的位置和头（眼）的方向来确定的。

跟踪头部运动的虚拟现实头套：在传统的计算机图形技术中，视场的改变是通过鼠标或键盘来实现的，用户的视觉系统和运动感知系统是分离的，而利用头部跟踪来改变图像的视角，用户的视觉系统和运动感知系统之间就可以联系起来，感觉更逼真。另一个优点是，用户不仅可以通过双目立体视觉去认识环境，而且可以通过头部的运动去观察环境。

（4）感觉反馈

在一个 VR 系统中，用户可以看到一个虚拟的杯子。你可以设法去抓住它，但是你的手没有真正接触杯子的感觉，并有可能穿过虚拟杯子的"表面"，而这在现实生活中是不可能的。解决这一问题的常用装置是在手套内层安装一些可以振动的触点来模拟触觉。

（5）语音输入输出技术

在 VR 系统中，语音的输入输出也很重要。这就要求虚拟环境能听懂人的语言，并能与人实时交互。而让计算机识别人的语音是相当困难的，因为语音信号和自然语言信号有其"多边性"和复杂性。如连续语音中词与词之间没有明显的停顿，同一词、同一字的发音受前后词、字的影响，不仅不同人说同一词会有所不同，就是同一人发音也会受到心理、生理和环境的影响而有所不同。

使用人的自然语言作为计算机输入目前有两个问题，首先是效率问题，为便于计算机理解，输入的语音可能会相当啰唆。其次是正确性问题，计算机理解语音的方法是对比匹配，而没有人的智能。

8.3.2　虚拟现实技术应用

2014 年后，VR 技术开始被人们所熟知，VR 技术实现了"现实"到"虚拟"，完成人与内容的连接。VR 技术凭借其独有的沉浸感和交互性,在教育、医疗、家装、军事、工业、游戏等多个领域广泛应用。

（1）教育行业

虚拟现实应用于教育是教育技术发展的一个飞跃。它营造了"自主学习"的环境,由传统的"以教促学"的学习方式转变为学习者通过自身与信息环境的相互作用来得到知识、技能的新型学习方式。虚拟现实技术能够为学生提供生动、逼真的学习环境,如建造人体模型、电脑太空旅行、化合物分子结构显示等,在广泛的学科领域提供无限的虚拟体验,从而加速和巩固学生学习知识的过程。利用虚拟现实技术建立起来的虚拟实训基地,其"设备"与"部件"多是虚拟的,可以根据随时生成新的设备。教学内容可以不断更新,使实践训练及时跟上技术的发展。同时,虚拟现实的沉浸性和交互性,使学生能够在虚拟的学习环境中扮演一个角色,全身心地投入到学习环境中去,这非常有利于学生的技能训练。

（2）医疗领域

VR 在医学方面的应用具有十分重要的现实意义。在虚拟环境中,可以建立虚拟的人体模型,借助于跟踪球、HMD、感觉手套,学生可以很容易了解人体内部各器官结构;一些用于医学培训、实习和研究的虚拟现实系统,仿真程度非常高,其优越性和效果是不可估量和不可比拟的。如导管插入动脉的模拟器,可以使学生反复实践导管插入动脉时的操作;眼睛手术模拟器,根据人眼的前眼结构创造出三维立体图像,并带有实时的触觉反馈,学生利用它可以观察模拟移去晶状体的全过程,并观察到眼睛前部结构的血管、虹膜和巩膜组织及角膜的透明度等。外科医生在真正动手术之前,通过虚拟现实技术的帮助,能在显示器上重复地模拟手术,移动人体内的器官,寻找最佳手术方案并提高熟练度。

（3）室内设计

虚拟现实不仅是一个演示媒体,而且还是一个设计工具。它以视觉形式反映了设计者的思想,如装修房屋之前,首先要做的事是对房屋的结构、外形做细致的构思,虚拟现实可以把这种构思变成看得见的虚拟物体和环境,使以往只能借助传统的设计模式提升到数字化的所看即所得的完美境界,大大提高了设计和规划的质量与效率。

（4）军事航天

模拟训练一直是军事与航天工业中的一个重要课题,这为 VR 提供了广阔的应用前景。美国国防部高级研究计划局 DARPA 自 20 世纪 80 年代起一直致力于研究称为 SIMNET 的虚拟战场系统,以提供坦克协同训练,该系统可联结 200 多台模拟器。另外利用 VR 技术,可模拟零重力环境,替非标准的水下训练宇航员的方法。

（5）工业仿真

当今世界工业已经发生了巨大的变化,大规模人海战术早已不再适应工业的发展,先进科学技术的应用显现出巨大的威力,特别是虚拟现实技术的应用正对工业进行着一场前所未有的革命。虚拟现实已经被世界上一些大型企业广泛地应用到工业的各个环节,对企业提高开发效率,加强数据采集、分析、处理能力,减少决策失误,降低企业风险起到了重要的作用。虚拟现实技术的引入,将使工业设计的手段和思想发生质的飞跃,更加符合社会发展的需要,可以说在工业设计中应用虚拟现实技术是可行且必要的。

(6)娱乐

丰富的感觉能力与 3D 显示环境使得 VR 成为理想的视频游戏工具。三维游戏既是虚拟现实技术重要的应用方向之一,也为虚拟现实技术的快速发展起了巨大的需求牵引作用。尽管存在众多的技术难题,虚拟现实技术在竞争激烈的游戏市场中还是得到了越来越多的重视和应用。可以说,电脑游戏自产生以来,一直都在朝着虚拟现实的方向发展,虚拟现实技术发展的最终目标已经成为三维游戏工作者的崇高追求。另外在家庭娱乐方面,VR 也显示出了很好的前景。作为传输显示信息的媒体,VR 在未来艺术领域方面所具有的潜在应用能力也不可低估。

8.3.3　思考与创新训练

✦ 创新训练

选题:调研 VR 技术在某一领域的应用案例,完成调研报告。

调研报告需包含以下关键点:

①VR 技术应用案例展示,采用图片匹配文字、视频等形式展现。

②对比分析案例中 VR 技术应用带来的创新性改变。

格式要求:采用 PPT、视频等形式展示。

参考文献

［1］李建华,李剑霞.计算机应用基础(Windows 7+Office 2010)［M］.3版.北京:高等教育出版社,2017.

［2］刘威,裴春梅.信息技术基础［M］.北京:高等教育出版社,2018.

［3］叶斌,黄洪桥,余阳.信息技术基础［M］.重庆:重庆大学出版社,2017.

［4］龚沛曾,杨志强.大学计算［M］.北京:高等教育出版社,2018.

［5］徐红,曲文尧.计算机网络技术基础［M］.7版.北京:高等教育出版社,2017.

［6］于宝明,王书旺.通信技术基础［M］.3版.大连:大连理工大学出版社,2018.

［7］刘良华,代才莉.移动通信技术［M］.2版.大连:科学出版社,2018.

［8］唐玉林.物联网技术导论［M］.北京:高等教育出版社,2015.

［9］朱海鹏.物流信息技术［M］.北京:人民邮电出版社,2017.

［10］唐玉林.物联网技术导论［M］.北京:高等教育出版社,2014.

［11］刘中胜,龚芳海,胡国生.数据库技术项目化教程(SQL Server 2012)［M］.北京:中国铁道出版社,2016.

［12］赵子江.多媒体技术应用教程［M］.7版.北京:机械工业出版社,2018.

［13］王新兵.移动互联网导论［M］.北京:清华大学出版社,2016.

［14］崔勇,张鹏.移动互联网:原理、技术与应用［M］.2版.北京:机械工业出版社,2018.

［15］郭冬芬.仓储与配送管理项目化实施教程［M］.北京:人民邮电出版社,2016.

［16］尹涛.物流信息管理［M］.大连:东北财经大学出版社,2015.

［17］薛华成.管理信息系统［M］.北京:清华大学出版社,2007.